SCIENCE

岩波科学ライブラリー 287

南の島の
よくカニ食う
旧石器人

藤田祐樹

岩波書店

はじめに

２０１６年９月、「沖縄で世界最古の釣り針発見」というニュースが、世間を賑わせた。沖縄島南部にあるサキタリ洞遺跡で、約２万３０００年前の貝製釣り針が見つかったのだ。真珠層の発達した虹色に輝く貝殻を丁寧に磨き上げ、美しく弧を描いた先端が、鋭く尖っている。幅１・４㎝と小さいが、しかし精巧な釣り針を作ったのは、旧石器人だ。

日本の旧石器人といえば、先端に石器をしつらえた槍を片手に、シカやナウマンゾウを狩猟する姿が人気である。海外でも同様で、マンモスやトナカイといった大型獣を捕獲する旧石器人の復元画がよく描かれている。ところが、沖縄の旧石器人は、貝で釣り針を作り、魚を釣っていた。しかも、サキタリ洞遺跡でもっとも多く食べられていたのは、なんと旬を迎えたモクズガニである。

――ときは旧石器時代。渡り鳥のサシバがピックィーと秋の到来を告げるころ、人々は「カニの季節の到来じゃ」と熱きよだれをしたたらせ、サキタリ洞を訪れた。日がとっぷりと暮れるのを待ち、洞窟の外を流れる雄樋川（ゆうひがわ）へと降りていけば、産卵期を迎え、身もぎっしり、ミソもたっぷり、美味なることこの上ない旬のモクズガニが次々と川を下ってくる。見つける端からモクズガニを捕まえつつ、合間に川辺の岩を這い回るカワニナをつまみ獲る。木の葉に眠るキノボリトカゲ、夜にうごめくトカゲモドキ、コロコロと鳴くカエルに、カエルを狙って姿を現すハブ……。夜の川辺を訪れる動物たちは、それぞれに食指をくすぐる味覚の宝庫だ。急流にニョロリと怪異な姿を現すオオウナギは、自慢の釣り針でいっちょう釣り上げてやろうか……。

そうして持ち帰った、豊かな川の幸を味わう人々の影が、焚き火の炎に照らされ洞窟の壁にゆれる。彼らは時に海へと繰り出し、貝殻を拾い集めることもある。ビーズや釣り針、その他さまざまな貝器(かいき)を作る材料にするのだ。そのついでに、アイゴやブダイを捕えて夕食に持ち帰る——。

なんとも優雅で、いかにも楽しげな暮らしが、沖縄の鍾乳洞で営まれていたらしい。そんな昔々の話を、どうして見てきたように語れるのだろう。それはたぶん私が、その一端を目の当たりにしてしまったからだ。沖縄の鍾乳洞で発掘した遺物の中に、そうした暮らしの痕跡が残されていたのだ。長い時間をかけて土くれと戯れ、掘り出した骨片をにらみ、ウンウンと頭を悩ませた末に、そうした暮らしが見えてきた。間違いなく楽しかったその探求の過程を、本書では紹介していこう。

必然的に、舞台は旧石器時代の沖縄島南部であり、そこに暮らした「よくカニ食う旧石器人」の話に尽きる。決して考古学一般、人類学一般を解説した本ではないことを、悪しからずご了承いただきたい。とはいえ、そうした一般的な知識なく、南の島のよくカニ食う旧石器人の魅力を本当に理解することは難しい。そこでひとつ、人類史の概要から、物語を始めるとしよう。

目次

はじめに xi
年表 xii
地図 xiii

1 むかしばなしの始まり――人類誕生、そしてヒトは沖縄へ……1
新参者の私たち／アフリカからの偉大な旅／旧石器時代のヒトと暮らしを考える／主人公はどんな姿か？／なぜか沖縄で見つかる旧石器人／港川人――1970年代の大発見／骨から考える旧石器時代／豊かな森の厳しい暮らし？／なぜ島にとどまったのか
◆コラム　山下町第一洞穴遺跡　23

2 洞窟を掘る――沖縄に旧石器人を求めて……25

鍾乳洞で遺跡を探す／最初の調査、ハナンダガマ／次は武芸洞／穴があったら入りたい人たち／そしてサキタリ洞へ／カニ、カニ、カニ、カニ／掘り続ける日々／人骨が出た!?／年代測定の難しさ／おそろしく悩ましい決断／嬉しい誤算

◆コラム　遺物の古さを測る方法　51
◆コラム　見つけてしまったお墓　52

3 カニとウナギと釣り針と――旧石器人が残したもの……55

沖縄で旧石器を見つけた！／またしてもカニ／貝は割れていた／旧石器人のビーズ／世界最古の釣り針発見！／釣ったはずの魚を探せ／魚の捕まえ方／食べたもの、食べられなかったもの／どうして焼けるのか／きれい好きな旧石器人？／夜の川沿いの動物たち／ヘビやトカゲも食べた!?／小動物のある食卓

◆コラム　魚介類を味わう人々　95

4　違いのわかる旧石器人――「旬」の食材を召し上がれ……97

食べるべきイノシシは山ほどいる／大きなモクズガニの謎／カワニナから季節がわかる!?／黒いカワニナは焼けていた／やっぱり秋だった！／季節に合わせた採食戦略

◆コラム　カワニナを食べる人々　107

5　消えたリュウキュウジカの謎……109

沖縄の絶滅シカたち／ヒトが食べた証拠はないか／6000年で絶滅／島に暮らすうちに小型化？／長寿の島の長寿のシカ／そこにヒトがやってきた

◆コラム　石垣島の旧石器人　121

6　むかしばなしはまだ続く……123

サキタリ洞むかしばなし／厳しい暮らし？　おいしい暮らし？／石器はどうして見つからないのか／旧石器人は生き続けたか／冬になり、そしていずこへ……？

参考文献

写真提供

カバー・第6章イラスト＝大城愛香、沖縄県立博物館・美術館（アニメ「サキタリ洞むかしばなし」より）

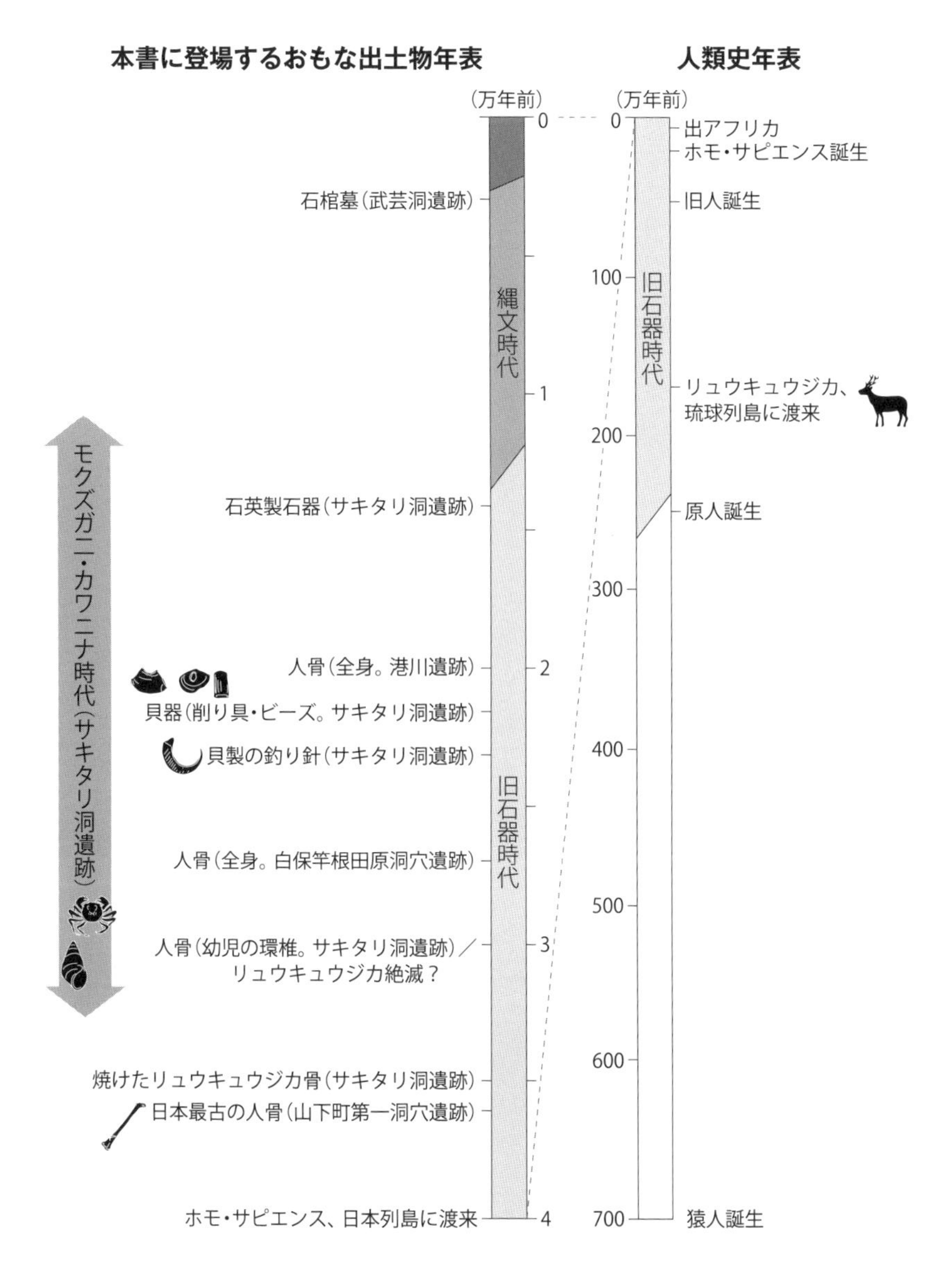
本書に登場するおもな出土物年表
人類史年表
(万年前)
0
石棺墓(武芸洞遺跡)
縄文時代
1
モクズガニ・カワニナ時代(サキタリ洞遺跡)
石英製石器(サキタリ洞遺跡)
人骨(全身。港川遺跡)
2
貝器(削り具・ビーズ。サキタリ洞遺跡)
貝製の釣り針(サキタリ洞遺跡)
旧石器時代
人骨(全身。白保竿根田原洞穴遺跡)
人骨(幼児の環椎。サキタリ洞遺跡)/
リュウキュウジカ絶滅?
3
焼けたリュウキュウジカ骨(サキタリ洞遺跡)
日本最古の人骨(山下町第一洞穴遺跡)
ホモ・サピエンス、日本列島に渡来
4
(万年前)
0
出アフリカ
ホモ・サピエンス誕生
旧人誕生
100
旧石器時代
リュウキュウジカ、
琉球列島に渡来
200
原人誕生
300
400
500
600
700
猿人誕生

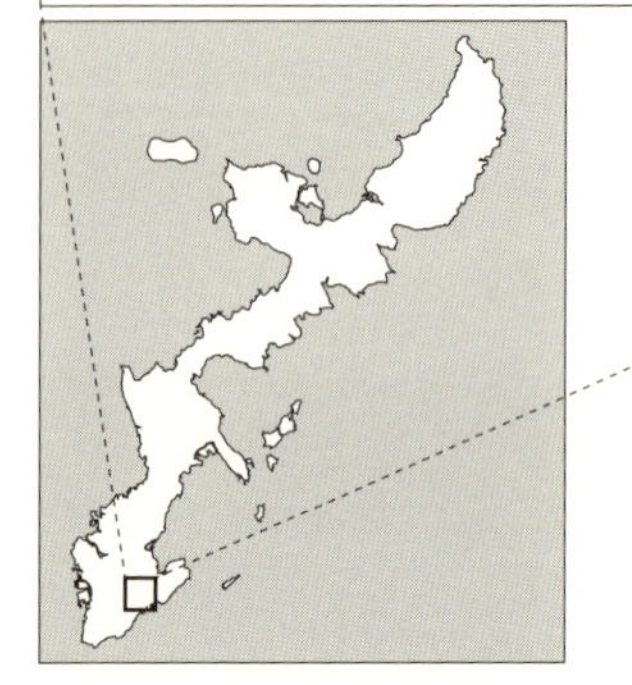

本書のおもな舞台。●は本書に登場する遺跡，○はその他の主要な洞窟。港川遺跡以外はすべて雄樋川の支流がつくった鍾乳洞で，まとめて「玉泉洞ケイブシステム」とよばれる。

1 むかしばなしの始まり
——人類誕生、そしてヒトは沖縄へ

旧石器時代とは、どんな時代だろう。それは、日本列島の人類史でもっとも古く、もっとも長く、そしてもっとも謎につつまれた時代である。

世界的には、約250万年前に私たちの祖先が石器を作り始めたときから、さらに発展した石器や、農耕・土器といった新たな文化を生み出す新石器時代の前までの時代である。地質時代の更新世と概ね一致し、マンモスやサーベルタイガーといった絶滅動物が世を謳歌していた時代であり、地球全体が極端に寒くなる時期を何度も経験した氷河時代でもある。

この時代の日本列島は、今よりも寒く、日本列島の大部分を針葉樹が覆っていたと考えられている。そこをナウマンゾウやオオツノジカやヤギュウなどが、悠々と闊歩していたらしい。にわかには信じがたいが、各地で発掘される化石を調べていくと、どうやらそのような話になる。そこで暮らした旧石器人たちは、いったいどのような人々だったのだろう。

新参者の私たち

私たち日本人は、なんとなく昔から日本に住んでいたような気がする。弥生時代とか縄文時代の話を、歴史の授業で学んだことがあるだろう。日本列島に最初にヒトがやってきたのは、それらより前の旧石器時代らしい。なんでも4万年前ごろだとか。

4万年前と聞いても、それがどのくらい昔のことなのか、なかなかイメージするのは難しい。仮に25歳で子供を産むとすると、私が生まれたときお父さんは25歳、お父さんのお父さん(祖父)は50歳、お父さんのお父さんのお父さん(曽祖父)は75歳……と考えていくと、だいたいお父さんを1600人数えると4万年前になる。お母さんで数えても、もちろん同じ結果になる。1600人のお母さんなどと言われてもやはりピンと来ないが、ずいぶん途方もない昔であることは間違いない。

だが、それよりもはるか遠い昔から、日本列島は存在する。日本を形づくる大地は、もともとユーラシア大陸の東端だったが、2000万年前ごろ以後に大陸から切り離され、長い時間をかけて現在の形へと至ったらしい。それだけ長い間、日本が島であり続けたことを考えると、人類がこの土地にやってきた4万年前が、ごく最近のことに思えてくる。人類が日本列島にやってきた時代よりずっと昔の、最初の祖先がアフリカで誕生したころまで遡っても、たかだか700万年前にすぎない。日本列島が今のような島になったのは、それよりずっと昔のことであり、長い間、そこには人っ子ひとりいなかったのである。

今から約700万年前、チンパンジーなどの類人猿と分かれて人類進化の道を歩みだした最初の祖先「猿人」たちは、口のあたりが突出し、脳も小さく、体格も小柄で、どちらかといえばヒトよりもサルっぽい姿をしていた。けれども彼らは、犬歯が小さく、直立二足歩行をしていた点で、類人猿とは異なっていた。何種もの猿人の化石が、アフリカ各地で発見されているが、彼らはいずれも小さな犬歯と、直立二足歩行に適した骨格的な特徴を備えている。

やがて、250万年前ごろになると、アフリカに暮らしていた多様な猿人たちの中から「原人」とよばれる祖先が生まれた。原人たちは、猿人にくらべて背が高く、脳もやや大きい。石器や火を使用するようになり、アフリカ以外の土地へも分布を広げていった。アフリカに比較的近いヨーロッパはもちろん、遠くアジアからも北京原人やジャワ原人の化石が発見されるのは、彼らがはるばる移り住んできたからに他ならない。

そして50万年前ごろになると、「旧人」とよばれる人々が、アフリカやユーラシア大陸各地に姿を現した。ネアンデルタール人に代表される彼らは、原人よりもさらに大きな脳をもち、私たちホモ・サピエンスとの外見的な違いはわずかである。高度な石器文化を発展させ、大型獣を盛んに狩猟し、氷河期のヨーロッパやロシアでも暮らす術を身につけていったが、3万年前ごろまでに、この世から姿を消してしまった。

そうした人類進化の過程で、私たちヒト、すなわちホモ・サピエンスが誕生したのは、今から約20万年前のことだ。アフリカで誕生したとみられている(ただ最近は、30万年前ごろからアフリカの北部でホモ・サピエンスへの進化が始まっていた可能性も指摘されているので、ヒトの誕生はもう少し遡るかもしれない)。

さて、先ほど、私たちヒトが日本列島にやってきたのは4万年前ごろだと書いた。では、ヒトはアフリカで誕生してから、どんなルートで日本にたどり着いたのだろうか。

アフリカからの偉大な旅

ヒトはアフリカで誕生した後、長い間、アフリカでのみ暮らしていたらしい。いくつもの集団に分かれて、多様な暮らしを営んでいたのだろうか。その全貌は杳(よう)として知れないが、やがてその一部の人たちが、およそ10万~5万年前にアフリカを旅立った。

この年代以降のホモ・サピエンスの遺跡や骨は、アフリカ以外の土地でも発見されている。そうした証拠を丁寧にたどっていくと、人類は瞬く間に世界各地へと移住していったことがわかる(図1)。といっても、アフリカから東アジアに到達するまでに、少なく見積もっても1万年くらいの時間を要しているのだから、「瞬く間」という表現が適切かどうかは判断に迷うところだ。でも、それまで10万~20万年もアフリカから出ようとしなかったことを思えば、ひとたび意を決した祖先たちは、けっこうな勢いで移住を続けたようにも思える。

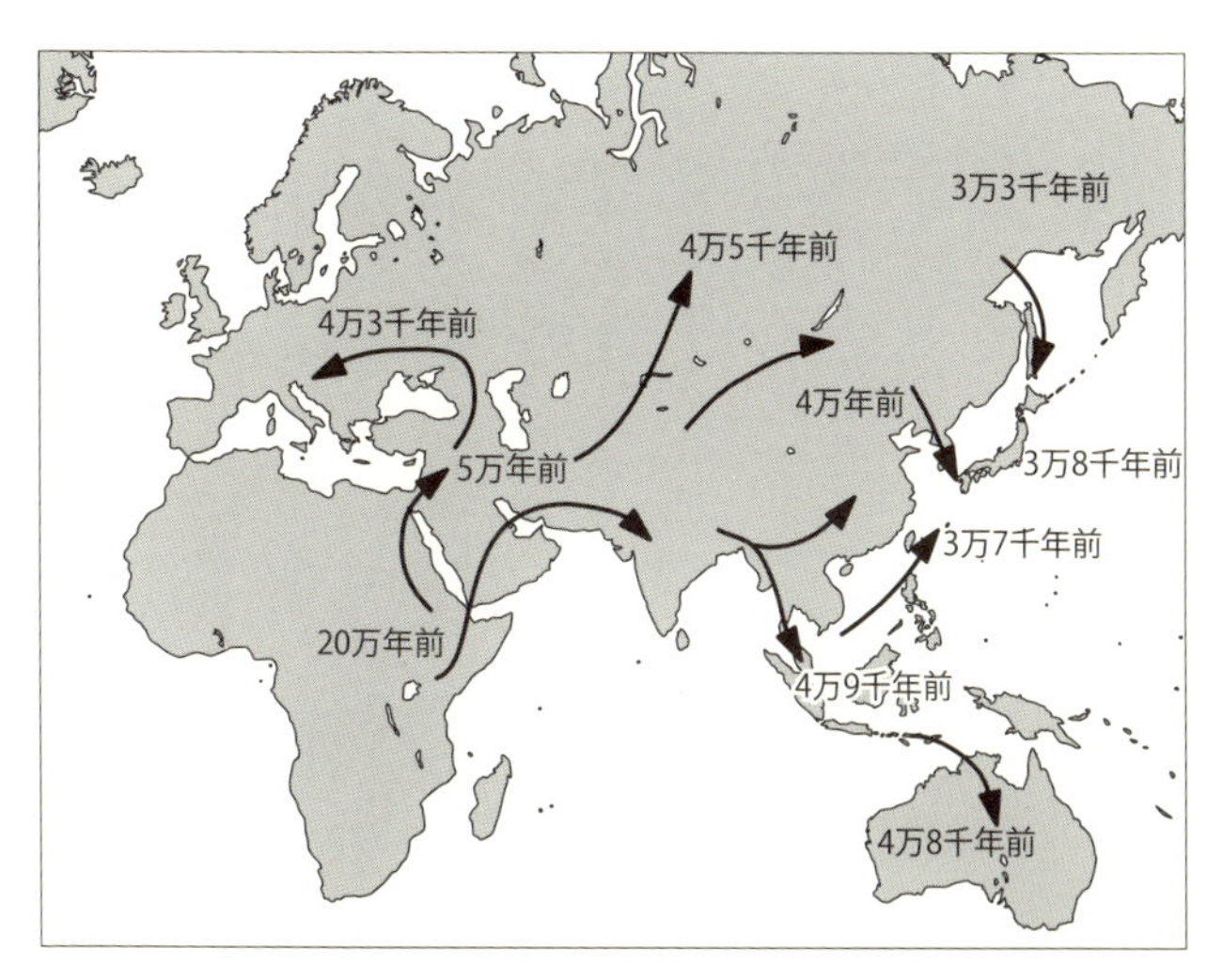

図1　各地域にホモ・サピエンスが現れる年代と，そこから推測される移住経路(矢印)。

いったいどうして移住したのか。理由が気になる方も少なくないだろう。だが、多くの研究者が頭を悩ませ続けているにもかかわらず、答えは未だわかっていない。移住した理由を知るのは、本当に難しい。

新天地を求めて一家で移住するにせよ、若者たちがやるせない衝動に駆られて集団を飛び出すにせよ、ヒトの感情や動機は、遺跡の証拠として残らない。現代に生きている人々を見ても、どんな動機で何をするのか、そう簡単に知れるものではない。若者の間に流行するファッションや音楽が、年を経るとだんだん理解できなくなる。そういえば近ごろ、若者の話す言葉を不愉快に感じたり、意味を捉えかねたりすることが時々ある。ああ、自分もいつの間にか若者の常識を非常識と嘆くほどに、若さを失ってしまったようだ。現代人を相手にしてすら、かように人の心や行動は理解しがたい。まして5万年前の人々が何を思ったかなど、知りえなくとも致し方ない。致し方ないが、それを知りたいのも人情である。

そこで、せめて移住の過程を追って遺跡を調べてみよう。そこに何らかのヒントが残されているかもしれない。丁寧に遺跡を探せば、少なくとも、いつごろ、どのような経路で移住したかはわかるはずだし、移住した先々で何をしていたかも見えてくるだろう。

世界中の遺跡を丁寧に調べるのは、簡単ではないし、まして1人でできる仕事でもない。だが、世界各地で活躍する研究者たちの努力によって、今や概要をつかめる段階に至っている。細部には諸説あるものの、人類が世界へと移り住んだ過程は、グレートジャーニー(偉大なる旅)と称され、誇らしげに語られている。

そのグレートジャーニーの1つの到達点が、日本列島である。アフリカから旅立った祖先の一部は、4万年前ごろには、はるばる地球を半周して日本列島にまでやってきた。グレートジャーニーの途上で、ホモ・サピエンスたちは各地にとどまり、さまざまな文化を花開かせ、その一部はまた別の地へと旅立った。そうして日本列島にやってきた人々は、どうやらそのまましばらく日本列島にとどまって、どこにも行かなかったようだ。単純に、そこから先に土地がなかっただけかもしれないし、その土地を気に入ったからかもしれない。理由を知りたければ、当時の人々の暮らしを明らかにせねばなるまい。

旧石器時代のヒトと暮らしを考える

前にも述べたように、４万年前といえば旧石器時代にあたる。ここで、あらためて旧石器時代を説明しておこう。

アフリカの一部で、最初期の原人たちが石器を割って道具を作りだしたのが、旧石器時代の始まりとされる。先述のとおり、２５０万年前ごろというのが有力だが、最近は、３３０万年前の石器や、石器による解体痕のある３４０万年前の動物化石をアフリカで発見したという発表もあるので、旧石器時代の始まりはもう少し遡るかもしれない。いずれにしても、原人(ひょっとしたら猿人の一部も)、旧人、新人と進化する間、石器製作技術は受け継がれ、発展し、多様な石器文化を各地で生み出しながら旧石器時代は続いた。

いつまでといえば、新石器時代へと移り変わるまでだ。新石器時代になると、人々は農耕をはじめ、土器製作を発明し、そして石を割って作る打製石器だけでなく、石と石をこすり合わせて磨いて作る磨製石器を作るようになった。実際には旧石器時代の終わりごろから石を磨く技術は使われるようになるし、旧石器時代にも有用植物の移植は行っていた可能性があるため、旧石器時代と新石器時代の区別は難しくなりつつある。しかし本書では、世界的には２５０万年前ごろに始まって数万年前まで、日本では４万年前ごろから1万数千年前まで続いた、主に打製石器を使う狩猟採集の時代が旧石器時代だと理解しておくことにしよう。

考古学者や人類学者たちは、旧石器人の暮らしを探る手がかりを探し求めるべく、発掘調査を重ねてきた。先端に石器をしつらえた槍を片手に、ぬかるみにはまったナウマンゾウを大勢でしとめる旧石器人の姿を、復元画や模型で一度は目にしたことがあるだろう。槍先となる石器や、ゾウの化石といった発掘された遺物に基づいて、研究者はそうした姿を描いていく。祖先の暮らしを知りたい気持ちは、洋の東西を問わない。ヨーロッパでは、マンモスやトナカイを狩猟する旧石器人が描かれている。毛皮を身にまとい、マンモスのキバや骨を組み合わせた住居に暮らす旧石器人の復元画を見たこともあるかもしれない。それらは、やはり毛皮を加工する石器や骨製の縫い針、骨の集まった住居跡の発見に基づいている。他にも、壁画を描き、骨や木に彫刻を施し、音楽を奏で……といった旧石器人の姿や暮らしぶりが、さまざまな発掘成果に基づいて復元されている。

とはいえ、旧石器人の暮らしを知ることは容易ではない。なぜなら、遺跡に埋もれた品々はたいてい壊れており、その大半が失われているからだ。当時の人々の姿や生活の痕跡がありありと残されていることなど、まずめったにない。とりわけ日本の旧石器時代遺跡の場合、石器以外のものが見つかった例は、ほんの数えるほどしかない。硬い石でできた石器のほかは、日本の大部分を覆う酸性土壌に長年にわたって埋もれるうちに、溶けてなくなってしまうのだ。そうして失われたものは、残された証拠から推測するより他に方法がない。

石器が槍先と考えられる形態をしていれば、それは柄に取りつけられたはずだ。別の石器が木を切る斧の形態をしていれば、木材加工に用いられたと推測できる。硬い石でも、木を切ったり獲物に突き刺したりすれば、欠けることもある。顕微鏡レベルの小さな傷がつきもする。そうした細かい破損を丁寧に調べれば、実際に使われたことを確認できる。なんともマニアックで緻密な仕事である。時に実験の労も惜しまない。そうした旧石器研究者の途方もない努力のすえ、先述のような旧石器人の暮らしが、活き活きと描かれてきたのである。

主人公はどんな姿か？

さて、遺物を丁寧に分析して旧石器人の暮らしを描き出すにあたって、肝心の主人公はどんな姿にするのがよいだろう。やはりここは、体つきも顔立ちも証拠に基づいて再現したいものである。

顔や体を復元するための証拠とは何だろう。それは、ヒトの骨だ。旧石器人の姿を知りたいなら、旧石器人骨を見つければよい。まったく簡単な話のようだが、実は人骨を見つけるのは難しい。なにしろ、日本に1万ヶ所以上の旧石器時代遺跡があるなかで、旧石器人骨が発見された遺跡は、年代が確定されたものではたった7遺跡しかないのだ。年代が不確定な遺跡を加算しても、その数は10ヶ所程度である。遺跡の数で単純計算すれば、旧石器人の発見率は遺跡数の1000分の1ということになる。毎年、新しい遺跡を調査したとしても、1人の研究者が人生で1000遺跡を発掘するなど、望むべくもない。そうすると、大半の研究者は人骨など発見できないことになる。旧石器人骨の発見が難しいというのは、そういう意味だ。

なぜか沖縄で見つかる旧石器人

とはいえ、探す場所を選べば、その確率を高めることができる。日本の旧石器人骨出土遺跡7ヶ所のうち、静岡県にある浜北根堅（はまきたねがた）遺跡の他は、実はすべて沖縄にある（図2）。琉球列島では旧石器時代遺跡の発見数自体は少ないのに、人骨の発見率たるや、目を見張るものがあるのだ。

どうして沖縄かと聞かれても、きちんと答えるのは難しい。琉球列島に広く分布する石灰岩が、骨の保存に適しているから、と一般的には説明される。日本の他の場所では、先に述べたような酸性土壌が遺跡に埋没する骨を溶かしてしまう。ところが、石灰岩地帯では酸性の水が石灰岩を溶かすことで中和され、中性から弱アルカリ性になるらしい。そのため、骨が溶かされにくいのである。

かように説明されると、なるほど、と納得してしまう。だが、よく考えると、石灰岩地帯が広がるのは沖縄ばかりではない。山口県の秋吉台、高知県の龍河洞、岩手県の龍泉洞など、有名な観光鍾乳洞もあるし、それ以外にも大小の石灰岩鍾乳洞が、日本各地に無数にある。その中には、もちろん動物の化石が見つかる洞窟だってある。それなのに、旧石器人骨がま

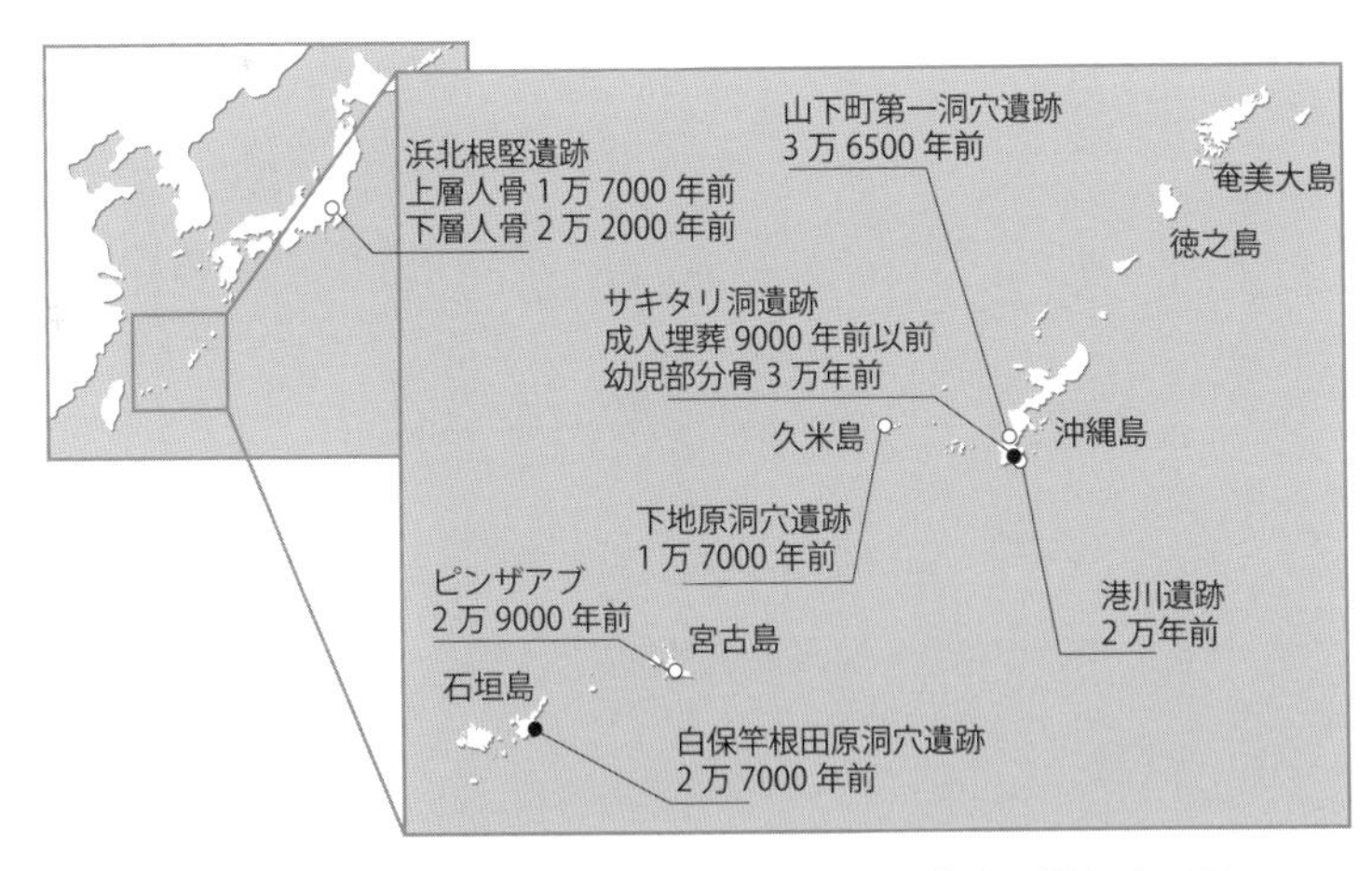

図2　日本列島で旧石器人骨が出土している遺跡。黒丸は 2000 年代に調査された遺跡で，白丸はそれ以前に発見された遺跡。

ったく見つからないというのは、いったいどういうわけだろう。もちろん「絶対に見つからない」ということはなく、１９６０年代に静岡県の浜北根堅遺跡で発見された旧石器人骨は、石灰岩の砕石作業で破壊された鍾乳洞の堆積物から見つかっている。してみると、各地の石灰岩鍾乳洞で旧石器人骨がもっと見つかってよさそうなものだが、どういうわけか報告例はほとんどない。

きっと、洞窟の形成時期とか、その中に堆積物が流入した時代とか、一生懸命探した人がどのくらいいるかとか、いろいろな理由があるのだろう。理由はともかく、現実問題として沖縄の鍾乳洞で旧石器人骨の発見率が高いとなれば、「旧石器人とその生活痕跡を探すなら、沖縄の洞窟へめんそーれ」と考えるのが道理である。かくいう私も、道理にたがわずか沖縄の地に仕事を得て、発掘三昧の日々を過ごすこととなった。しかしひとまず、私たちの発掘物語の前に、沖縄の旧石器時代がこれまでどのように研究されてきたのかを紹介しよう。

港川人――1970年代の大発見

沖縄の旧石器時代を語るには、何よりまず港川(みなとがわ)遺跡から発見された、港川人のことを知らなければなるまい。

港川人は、「東アジア最高の保存状態を保つ旧石器人」と称される、約2万年前の人骨化石である(図3)。この人骨は、発見以来およそ50年間、日本列島で唯一、顔のわかる旧石器人骨だった。中でも、特に顔がしっかりと残った港川人I号は、歴史の教科書にも掲載されるほど有名で、幾多の研究に基づいて生前の姿も何度も復元されてきた。

発見場所となった港川遺跡は、沖縄島の南部、八重瀬町の海岸、港川漁港から雄樋川を500mほど遡った右岸側にある(地図参照)。このあたり一帯は「粟石(あわいし)」とよばれる粗い砂質石灰岩が分布する地域で、この石が建材として沖縄の人々に好まれたことから、かつては港川遺跡周辺も粟石の採石場となっていた。その採石場から、1968年、那覇市の実業家であった大山盛保(せいほ)さんによって、断片的な人骨が発見されたのである。そして大山さんはこの人骨を、旧石器時代のものと推定した。

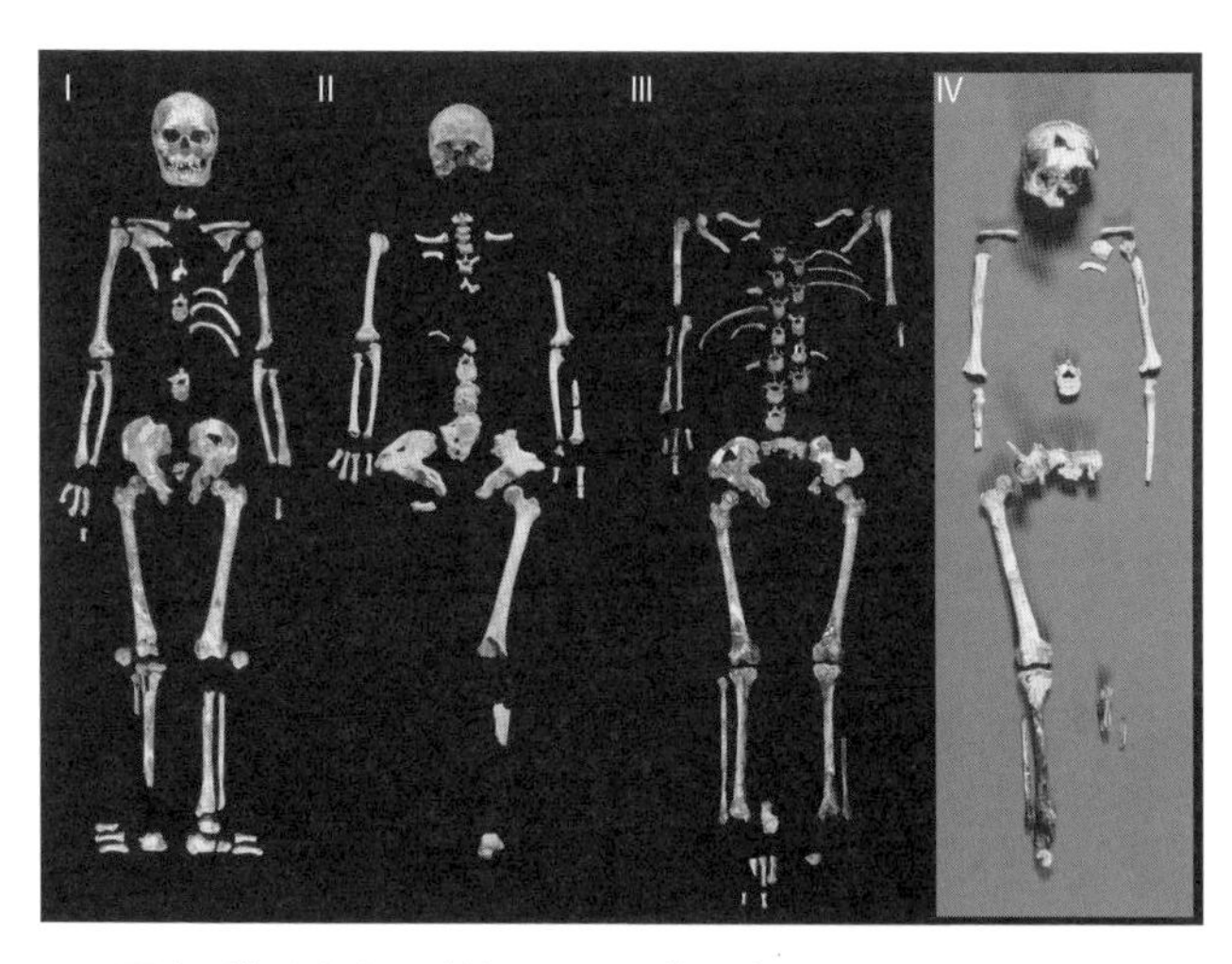

図3　港川遺跡で発見された4体の成人骨。I号は男性で，II〜IV号は女性。

この人骨発見が契機となって、1968年12月〜1969年1月にかけ、東京大学の鈴木尚（ひさし）教授を中心とする洪積世（こうせきせい）遺跡調査団が学術調査を行うこととなった。ところが、調査団による2週間の発掘では、残念ながら人骨は見つからなかった。代わりに、イノシシの化石がたくさん見つかったが、当時の研究ではイノシシは縄文時代以後に琉球列島に持ち込まれた動物とみられていた。それをうけて、大山氏の発見した人骨も、縄文人ではないかと疑われることになった。

しかし、大山氏は不屈の心で調査を続けた。そしてその結果、1970年には、複数の頭骨や下顎骨を発見するに至ったのである。大山さんは再び東京大学に連絡し、その報を受けた渡邊直経（なおつね）教授が沖縄に渡って調査を引き継いだ。こうして、4体の全身にわたる人骨、港川人が続々と発見されることとなる。人骨周辺には、絶滅動物であるリュウキュウジカの化石や木炭も埋没しており、この木炭の年代測定によって、約2万年前の人骨であることも判明した。この結果をうけて、ついに港川人は旧石器時代の人骨と認められるに至ったのである。

骨から考える旧石器時代

こうして世に現れた港川人のほかにも、いくつもの旧石器人骨が沖縄から見つかっている。日本最古の人骨である那覇市の山下町第一洞穴（やましたちょうだいいちどうけつ）人骨（３万６５００年前）や、宮古島のピンザアブ人（２万９０００年前）などに加え、年代不明ながら旧石器時代のものかもしれない人骨も他にいくつかある。そして、２０００年代の調査によって、石垣島の白保竿根田原（しらほさおねたばる）洞穴人（２万７０００年前）や、後ほど紹介するサキタリ洞遺跡の人骨も仲間入りした。

では、かれら沖縄の旧石器人たちは、どのような暮らしをしていたのだろう。

これを考える手がかりとなる石器は、実は沖縄の遺跡からはほとんど見つかっていない。わずかに発見される石器も、具体的な使用法がわかりにくい小型の剥片石器が多いため、石器を専門とする旧石器考古学者から、沖縄が注目されることはほとんどなかった。

しかし、石器がほとんど見つからないとしても、見つかっている人骨から生前の姿を想像し、暮らしぶりを考えることはできる。かくして人類学者たちは、港川人の骨を研究し、彼らの暮らしぶりを推測していった。

港川人は、独特の体つきをしている(図4)。身長は男女とも150cm程度で、肩幅が異様に狭く、腕も細く上半身はキャシャである。それに比べると、脚の骨はわりあいしっかりしており、どうやら脚力は十分にあったようだ。

この独特の体格は、島に適した節約的な体つきだろうと、国立科学博物館名誉研究員の馬場悠男(ひさお)さんは説明する。面積の限られた島という環境では、食料も不足しがちである。島の自然資源に頼って生きる野生動物や狩猟採集の旧石器人が、たくさんの食べ物を必要とする巨体を維持するのは難しかったことだろう。そう考えると、小柄でキャシャであることは、わずかな食料でも生き延びやすく島で暮らすには好都合である。とはいえ、狩猟採集をするのに脚力は欠かせないので、脚力は確保されるべきであろう。こうして、旧石器人が島での暮らしによくあうように小進化したと考えれば、港川人の独特の体つきが実にうまく理解できる。

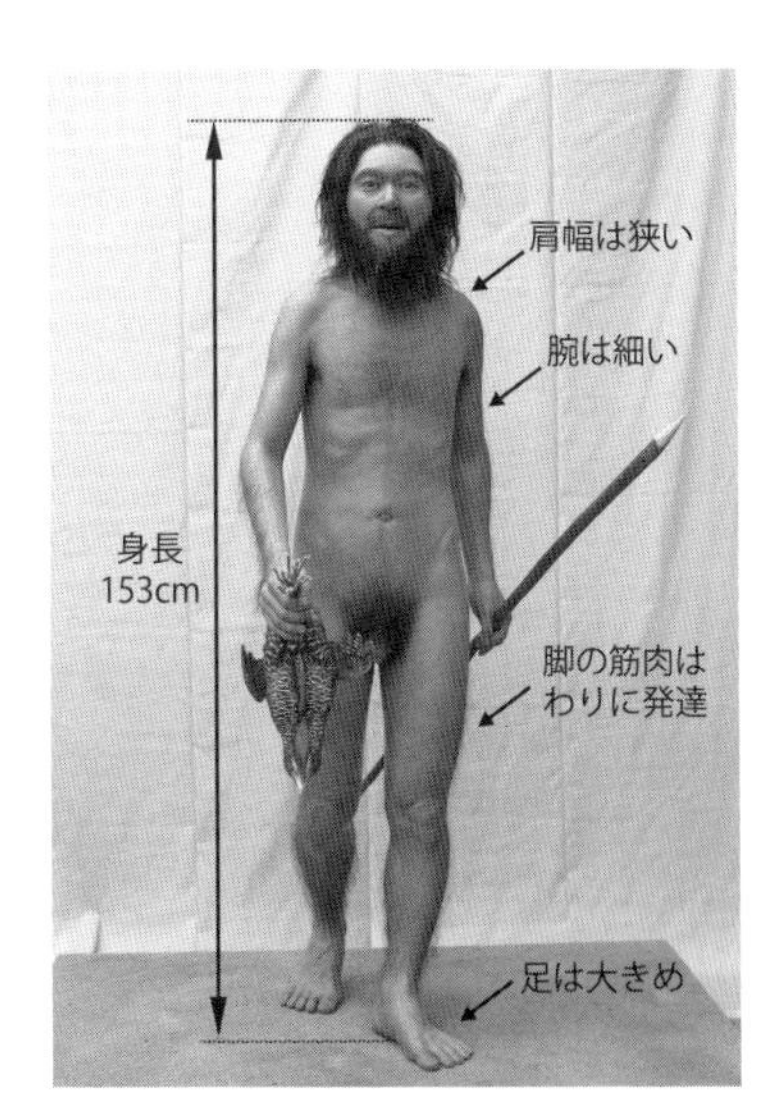

図4　骨格から復元した港川人(Ⅰ号)の姿。沖縄県立博物館・美術館所蔵。

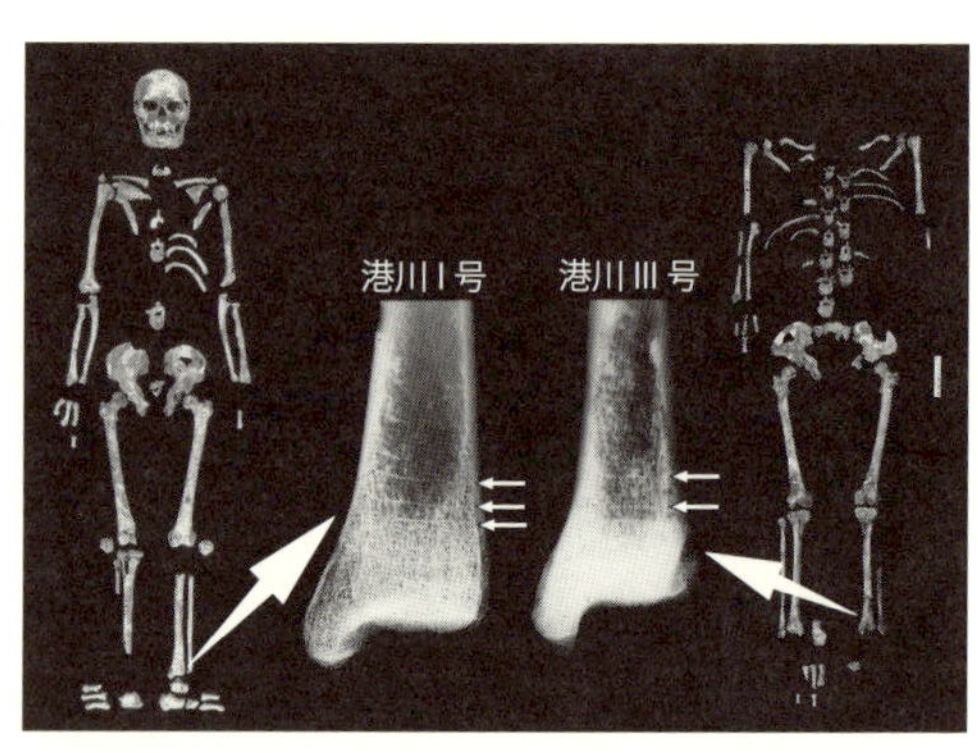

図5　港川Ⅰ，Ⅲ号の脛骨をレントゲン写真で見ると，複数本の白い線が見え（矢印），成長不良を経験した証拠と考えられている。

とはいえ、そんな島適応の港川人にとっても、島での暮らしはなかなか困難であったらしい。港川人の頭骨を見ると、歯がとてもすり減っている。縄文人でも見かけるが、これほどすり減った歯は、よく調理されたやわらかい食べ物ばかりを食べている現代日本人にはまず見られない。旧石器人は、きっと噛み応えのあるものを多く食べていたのだろう。港川人の側頭部には、顎を噛みしめる筋肉が発達していた痕跡もある。やはり、彼らは食物を日々、噛んで噛んで噛んで暮らしていたようである。

港川人が苦労した痕跡は、脚の骨にもある。港川人の人骨4体のうち、Ⅰ号（男性）とⅢ号（女性）の脛（すね）の骨をレントゲン写真で見ると、足首近くに白っぽい横線が見える（図5）。この線は、幼少期に成長阻害とか栄養失調とか、何らかの病気などで成長不良を患った証拠である。線は何本か見えるから、そうした憂き目に何回もあったのだろう。栄養が足りなかったのか、ひどい病気をしたのか、いずれにしても、かなり苦労して暮らしていた様子がうかがわれる。

豊かな森の厳しい暮らし？

それにしても、旧石器人の苦労とはいかなるものだったのだろう。生活の基本となる衣食住を知りたいものだが、遺跡から「衣」と「住」の証拠を得るのは難しい。衣服を作るなら植物繊維や毛皮を、住居には木材や樹皮、毛皮、草束、土などを使ったと思われるが、これらの素材は保存されにくい。しかし、残る「食」ならば少しは想像できる。動物の遺骸は、化石として残りやすいからだ。

いまの沖縄には、ヤンバルクイナやノグチゲラ、リュウキュウヤマガメなど、固有の動物がたくさんいる。実際に沖縄の森林を訪れると、さまざまな鳥や昆虫が森のあちこちに蠢（うごめ）き、ヒカゲヘゴの生い茂る沢沿いの道にはヘビやカエルが潜んでいる。夜行性の動物も多いので、夕暮れから夜にかけて林道を歩くと特に面白い。日も暮れなんとするころ、遠くから響くアオバズクやコノハズクのひそやかな声に耳をかたむけていると、突如、ヤンバルクイナがけたたましく鳴きはじめる。水辺から聞こえる木琴のような合唱は、アオガエルだ。樹上には大きなケナガネズミが音もなく走りまわり、地上に目をうつせばトゲネズミが虫を追いかけ回しては、すばしこく茂みに姿を隠す。おびただしい数のカエルやコオロギが路上を跳ね回り、小さな羽虫もそこかしこに飛び交っている。遠くにも近くにも生命の気配があふれ、まるで森全体が巨大な生き物のようにざわめいている。

だがしかし、それらの動物を捕まえて食べるとしたら、どうだろう。絶滅危惧種や天然記念物を捕まえて食べることは、もちろん現代では許されないし、国立公園となった地域ではいかなる動植物の採取も禁じられている。だが、狩猟採集を生業とする旧石器人は、自然にあるものは、何でも自由に捕まえて食べてかまわなかった。そんな旧石器人になったつもりで、手つかずの沖縄の森林原野を見渡してみよう(図6)。

そこにイノシシはいるけれど、シカもカモシカもクマもいない。タヌキもアナグマもノウサギもいない。沖縄の動物相は、とてもユニークで豊かではあるけれど、お腹を満たすにはいささか物足らないことは、否定しようのない事実だろう。

数万年前の旧石器時代にさかのぼっても、状況はそれほど異ならなかった。森林の面積こそ今よりずっと広く、おそらく島全体が森林原野に覆われていたと考えられているが、そこに生息する動物たちの顔ぶれは、現代とそれほど大きく違わなかったようだ。港川人とともに発掘された動物化石を調べた結果によれば、現在の沖縄島北部の森林地帯(やんばる)にすむ動物たちがほぼそっくりそのまま、2~3万年前にもいたという。絶滅動物も数種は報告されているが、中型のシカ類数種とリクガメ1種を除けば、あとは小型のものばかりである。

港川遺跡から出土した動物化石の中でもっとも豊富なイノシシは、今でもやんばるや石垣島、西表島に生息していて、地元の猟師たちが捕えている。香りの好き嫌いはあるかもしれないが、しまった赤身をギュッと噛むほどに味わい深く、食べごたえもあるイノシシ肉は、旧石器人にとっても得がたい食料だったことだろう。他にも、沖縄島では2種の絶滅シカがいた。ヤギほどの大きさのリュウキュウジカと、それより少し小さいリュウキュウムカシキヨンである。これくらいのサイズなら、1頭つかまえれば満腹感も得られそうだ。続いて考えられるのは、甲羅の長さが40cmほどになるオオヤマリクガメだ。ただし、カメの仲間は一般的に食べる部分が少ない。やや臭いにクセがあるが内臓を食べるか、脚まわりや首まわりのわずかな筋肉をいただくしかない。とはいえ、甲羅の長さ40cmともなれば、それなりに満足できたかもしれない。

だが、満腹感の得られるのはここまでで、あとは小さな動物ばかりである。もちろん、小動物もたくさん捕まえれば、それなりの食料になるだろうが、主要なタンパク源として利用し続けるには、どうも心許ない。そのうえ、先述の2種のシカ類は、旧石器時代に絶滅したとみられている(第5章参照)。すると、いよいよ旧石器人は食うに困ったことだろう。

琉球列島の「豊かな自然」を、「食べる」という視点から見直してみると、たしかに狩猟採集生活を続けるのは大変だったかもしれない。この見方は、「つらい環境を生き延びていた」とする人骨研究の成果とも、つじつまがあう。こうしたわけで、私たちが沖縄で調査を始めたころ、かの地の旧石器人の暮らしぶりは、このように厳しいものだったと考えられていた。

絶滅シカ類のほかは，小さな動物ばかりだ。

図6　沖縄島の森にすむ代表的な動物。イノシシと

なぜ島にとどまったのか

しかし、旧石器人は琉球列島で、結婚して育児もして、それなりに暮らしていたとみられている。港川遺跡からは男女の遺体が見つかっているし、那覇市の山下町第一洞穴や久米島の下地原洞穴からは子どもの骨も発見されているからだ。島での暮らしが苦しくつらいものだったとしたら、いったい旧石器人はなぜ、ここにとどまったのだろう。

肉食獣のいない島は、大陸に比べて危険が少なかったからだろうか。捕食者に襲われる心配がないというのは、安心して暮らすための重要な条件には違いない。しかし、仮にそれが正しかったとしても、食うに困るのでは暮らしようがなく、他の地へ移ろうと思ってしまうのではなかろうか。いったい琉球列島の何が彼らを引き留めたのだろう。

彼らが琉球にとどまった理由を知りたければ、やはり発掘して彼らの生活の痕跡を探し求めるしかない。そうして、沖縄県立博物館・美術館の発掘調査プロジェクトが２００７年に始動し、当時、人類学担当の学芸員として働いていた山崎真治さんと私は、発掘調査を行うことになった。

コラム　山下町第一洞穴遺跡

那覇空港からモノレールに乗って3駅で、奥武山(おうのやま)公園駅に着く。改札を出たら右前方の丘を上がっていくと、家々が立ち並ぶ住宅街の小さな公園に、むき出しの石灰岩の小山がある。そこが、山下町第一洞穴だ。日本最古の人骨が見つかっている遺跡である。

もともとこの洞穴には、シカの化石があることが知られていた。そこで1965年、沖縄国際大学の高宮廣衛(ひろえ)教授が発掘調査を行い、炭を豊富に含む地層から、石器や魚骨、海の貝、カニやカワニナの殻などを発見した。同じ地層からは、旧石器時代に絶滅しているシカ類の骨も出土したので、旧石器時代かそれ以前の遺跡と考えられた。

こうした発見を受けて、東京大学の鈴木尚教授を中心とした沖縄洪積世遺跡調査団が港川遺跡を発掘した1968〜69年には、同時進行で山下町第一洞穴遺跡の再発掘も行われた。このときに、以前の調査で石器が発見されていた木炭層のすぐ下から、6〜7歳と推定される幼児の脚の骨が見つかったのである。大腿骨と、脛骨(けいこつ)の一部だった。木炭層の炭の年代を測定した結果、3万6500年前であったことから、幼児の骨はこれより古いとみられる。

これらの骨は、日本で見つかった人骨では最も古いものである。東アジア、東南アジアを見渡しても、約4万年前の中国の田園洞、マレーシアのニアー洞穴に次いで古い。幼児の右脚の一部しか見つかっていないので、そこから得られる情報には限りがあるが、間違いなくこの時代に沖縄にヒトが渡来していた証拠である。

また、3万6500年前の地層から、魚骨や海の貝が、石器とともに得られていることも注目に値する。ひょっとすると、山下町第一洞穴でも、第3・4章で述べるようなサキタリ洞人たちの暮らしと似たような生活が営まれていたのかもしれない。そういえば、サキタリ洞は雄樋川にほど近いが、山下町第一洞穴も、丘を下るとすぐに、国場川（こくばがわ）の河口がある。川にも海にも近いこの石灰岩鍾乳洞で、旧石器人はどんな暮らしをしていたのか。いつか、かつての調査も再評価される日がくるかもしれない。

2 洞窟を掘る
——沖縄に旧石器人を求めて

沖縄島の南部、港川遺跡の近くに、サキタリ洞という洞窟がある。現在の海岸線から2kmほど内陸にあり(地図参照)、農村地帯にぽっかりと口をあけた大きなホール状の鍾乳洞だ。観光ガイドツアーの出発点になっており、「ケイブカフェ」としても利用されている。コーヒーやハイビスカスソーダ、アイスクリームや軽食を、年中無休でどなたでも楽しむことができる。日常からかけはなれた雰囲気は他では得がたく、毎日、大勢の観光客が訪れる場所だ。

そんな洞窟カフェの片隅で、私たちは2009年から発掘を続けている。他でもなく、沖縄の旧石器人の暮らしぶりを探るためだ。

私たちがこの洞窟を調査地に選んだ理由は、簡潔にいうと3つある。

ひとつは、1970年に旧石器人の骨が発見された港川遺跡から近いことだ。港川遺跡からサキタリ洞までは1.5kmほどしか離れておらず、子供でも歩ける距離だ。ならばサキタリ洞も、彼ら、つまり港川人の行動圏に入っていたと考えて間違いあるまい。

もう1つの理由は、洞窟が開放的で天井が高く、過ごしやすいからだ。洞窟の近くに流れる雄樋川で水が得られるのも好都合である。沖縄には鍾乳洞が多いが、その多くは狭かったり暗かったり、床が湿って泥だらけだったり、ヒトが暮らせるような場所ではない。その点、サキタリ洞は何しろカフェに使われるほどだから、居心地の良さは折り紙つきだ。

そして最後の理由は、洞窟の中に縄文時代の遺物やシカの化石が落ちていたことだ。こうした遺物や化石が落ちているのは、洞窟内のどこかに古い地層があるからに違いない。

こうした理由から、我々はサキタリ洞を調査することにした。「なるほど、さすが研究者、理路整然とスマートに調査地を選定するのですね」と感心していただけたかもしれないが、実際には、これで片づけるに忍びない苦労と失敗を重ねた末に、やっとサキタリ洞にたどり着いた。思い出すほどに感慨深いそのプロセスに、しばし紙面を費やしてみよう。

鍾乳洞で遺跡を探す

「旧石器人の骨や生活痕跡を見つけたければ、沖縄の鍾乳洞へめんそーれ」と第1章で述べたものの、いざ探そうと思うと、あまりに鍾乳洞が多く、どの洞窟を調査すべきか途方に暮れてしまう。

沖縄に鍾乳洞が多いのは、琉球列島に広く分布する石灰岩と関係がある。石灰岩は、はるか昔に海の底で育まれたサンゴ礁や、そこに生息していた有孔虫などの微小な生物の殻がもとになっている。サンゴ礁が隆起し、次第に陸地になると、周辺にあるものを石灰分で固めながら石灰岩を形成するのだ。

　陸地になれば、そこに雨が降る。降った雨は、石灰岩に無数にある小さな孔やヒビ割れにじわりと浸み込み、周囲の石灰岩を少しずつ溶かしてゆく。目に見えないほどの小さな穴やヒビ割れも、長い時間を経て大きくなり、穴が大きくなればより多くの水が流れ、より速く石灰岩を溶かしてゆき、穴はさらに拡大する。……そうした過程が何万年、何十万年も繰り返され、鍾乳洞が形成されてゆく。

　鍾乳洞を流れる水は、石灰岩の弱いところを溶かしながら、重力に従って下へも洞窟を広げるため、洞窟は縦にも横にも網目状に発達してゆく。やがて、何かの要因で地下水の流路が変わると、水を失った鍾乳洞の乾燥が始まる。といっても、鍾乳洞の天井からポタポタとしたたり落ちる水滴は失われることはなく、その水滴に含まれる石灰分が再凝固して、つらら石やカーテンといった美しい鍾乳石が形づくられる。

　洞窟が巨大化すると、天井が薄くなって崩れることもある。すると、それまで漆黒の暗闇だった空間に明かりがさし、風も吹き込み、湿っていた洞内はいっそう乾燥する。外界に開いた入り口からは、風に吹かれて木の葉が舞い込み、細かい土砂も流れ込む。カタツムリの殻や動物の死骸が流れ込むこともある。こうしてさまざまなものを内部に封じ込めながら、堆積層が形成されていく。乾燥して明るくなった洞窟には、先史人が暮らすこともあっただろう。すると、彼らの暮らしで出るゴミやさまざまな痕跡もまた、洞窟の堆積物に封じ込まれてゆく。誰かが不幸にして亡くなれば、そこに墓をつくることもあったかもしれない。こうしたさまざまな痕跡を、私たちは探し求めているのである。

だが、やみくもに鍾乳洞を探しても、遺跡も動物化石も簡単には見つからない。旧石器時代の遺跡が洞窟に残るためには、その洞窟が住みよい環境で、実際にヒトが暮らし、その痕跡が堆積物中に埋没し、しかもそれが現在まで残っていなければならない。そのうえで、最終的に残された遺物を私たちが発見できるかどうかが、最後には問題となる。

今は居心地の良い洞窟も、2～3万年前には水がじゃんじゃん流れ、入り口は狭く中は真っ暗で、とても暮らせる環境ではなかったかもしれない。堆積物が形成されても、続く数万年間で失われることもある。運よく残っていても、それが地下5ｍとか10ｍとか、もっと深いところであれば、発掘するのも容易ではない。巨大な崩落岩に発掘を阻まれてしまうこともあるし、崩落で洞窟そのものが崩れてしまうことも起こりうる。

そう考えていくと、洞窟につくられた遺跡が残され続け、発見されるためには、さまざまな偶然が重ならなければならない。やみくもに洞窟を発掘したところで、その大半が徒労に終わるのは、こうした事情による。自分の人生を徒労に終わらせたくなければ、発掘する前に洞窟の立地や形態、堆積層の有無などをよく見極めてから、調査を始めなければならない。

最初の調査、ハナンダガマ

さて、旧石器人の暮らした痕跡を探るにあたって、私たちは手始めに沖縄島南部の港川遺跡の周辺を調査することにした。前章で紹介したとおり、港川遺跡からは2万年前の旧石器時代人骨が発見されているので、その近くに暮らしていた場所を探し求めれば、効率よく遺跡を発見できるに違いない。そうして目をつけたのが、ハナンダガマという鍾乳洞だ。

沖縄島南部を流れる雄樋川の河口近く、約50ｍの川幅をはさんだ港川遺跡の対岸を、少し上流にのぼった崖の上に、ハナンダガマが口を開けている（地図参照）。ガマは、方言で洞窟を意味する言葉であるが、「ハナンダ」という言葉の由来はよくわからない。

名前の由来はさておき、ハナンダガマは、１９７０年代に沖縄県が行った洞窟実態調査で、シカの化石を産することが報告されていた。後に詳しく述べるように、沖縄のシカ類は、旧石器時代に絶滅したことがわかっている。ということは、ハナンダガマには旧石器時代かそれ以前の堆積層があるということになる。雄樋川に近いので、水を得やすいことも、ヒトが暮らすには好条件と思えた。そうした理由から、私たちはハナンダガマを最初の調査地として選定した。

ハナンダガマの狭い入り口から腰をかがめて進むと、すぐに大きなホールが広がっている。だがそこは漆黒の闇。ひとたびライトを消してしまえば、自分が目を閉じているのか開けているのかすら、わからなくなる。自分の呼吸音の他に音もなく、時おり耳もとをかすめて飛ぶコウモリの羽音に肝を冷やす。コウモリの糞とカビのにおいが、湿った空気にほのかに漂う空間で、台風シーズンの後の２００７年11月に、私たちの調査は始まった。

まだ暑さが残る亜熱帯気候の沖縄で、南国の強い日差しを逃れて洞窟内の湿り気のある涼しさに触れると、人心地つく思いだ。しかし、それもつかの間、投光器を頼りに発掘作業をしばらく続けると、空気の動かぬ洞内で自分から出る熱気が体にまとわりつき、したたる汗も乾くことなく、次第に暑さと息苦しさを覚えてくる。あまり居心地よい空間とは私には思えないが、それでも掘るたびに化石が見つかる楽しさに、夢中になって調査を続けた。

詳細は省くが、この洞窟では断続的に4週間の調査を行い、２５００点あまりの絶滅シカ化石を発見した。人骨もわずかに見つかったが、年代を調べると、残念ながら旧石器人ではなく、約１０００年前(中世)のものであることが判明した。沖縄の歴史を考えるうえで中世の人骨も貴重であるし、シカの化石にしても、謎に包まれていた絶滅シカ類の生き方に迫るのに役だった(第5章参照)。しかし、私たちは旧石器人の骨や彼らの生活痕跡を探し求めていると公言して調査を進めていたので、いかに考古学・古生物学的に価値ある発見といっても、「目標達成できていませんよね」といわれたら反論の余地もない。「そんなに簡単に目標は達成できません。調査を続けることが大事です」と言いながらも、内心では焦りを覚えながら、次の発掘場所を探すこととなった。

次は武芸洞

心の余裕を少しばかりすり減らした私たちが次に選んだ場所は、「おきなわワールド」という観光施設にある武芸洞遺跡だった（図７）。先述のサキタリ洞をスタート地点とするガイドツアーのゴールが、他ならぬこの武芸洞だ。大きなホール状のこの洞窟には、東西の洞口からさわやかな風が吹きぬけ、洞床にはやや乾燥した灰色のシルト（砂より細かく、粘土より粗い粒子）が厚く堆積している。やわらかな日差しの差し込む開放的な洞内にたたずむと、亜熱帯の暑さをしばし忘れ、かつて武芸の練習場として使われたという言い伝えに思いを馳せてしまう。

図７　武芸洞の西側洞口。現在は乾燥しているが，１万年前ごろまでは水がたまっていたことがわかった。

この武芸洞を、私たちは２００７年から２００９年にかけて発掘し、縄文時代の素晴らしい発見に恵まれた。約７０００年前の土器や石器、貝のやじり、多量のイノシシ骨、約４０００年前の焚き火の跡、そして３０００年前の石棺墓などである。縄文時代の人骨や墓は、沖縄でもそれほど珍しいわけではないが、武芸洞の埋葬人骨は驚くほど保存状態がよく、しかも腕輪を身につけていたようで、小さな貝製ビーズ12点が左腕付近から見つかった。穴を掘って石灰岩を四角く並べた棺の中に、丁寧に埋葬された人骨。その腰のあたりにはシャコガイ、足下には大きなつらら石やカサガイが供えられており、当時の人々の悲しみがうかがい知れる。遠い昔の人々の暮らしや悲しみに思いを馳せつつ調査を続けたが、縄文時代は縄文時代である。「何を贅沢な！」とおしかりを受けるかもしれないが、旧石器時代を目標に掲げる私たちは、それで満足するわけにはいかない。約７０００年前の地層の下に、きっと旧石器時代の遺物が眠っていると信じて発掘したものの、残念ながら姿を現したのは、遺物を含まないシルト層だった。おだやかに水の流れた痕跡もある。わずかに含まれていた炭化物で年代測定（章末コラム参照）をすると、結果は１万２０００〜１万４０００年前だった。どうやら、旧石器時代の武芸洞には、ゆるやかに水が流れ、洞床には全体に水がたまっていたようだ。それならば、旧石器人が暮らすには、よい環境とは言えなかっただろう。この場所で調査を続けるよりも、別の洞窟を探すほうがよいのではないかと、ここに至って私たちは結論した。

穴があったら入りたい人たち

かくして私たちは、またも心の余裕をすり減らし、次の洞窟を求めることとなった。

しかし、周辺の洞窟を手当たり次第に探しまわるのは、いかにも骨の折れる仕事だ。暗く複雑な洞窟に素人がうっかり入れば、遭難する危険だってある。いくら世紀の発見を目指すとはいえ、軽々しく命を危険にさらすわけにはいかない。そこで、生命保険に加入したうえで、洞窟の探索経験の豊かな方々の助けを借りることにした。何十年も洞窟探検に携わり、洞内での活動や安全確保に長けた方々が、日本にも少なからずいらっしゃる。

そんなわけで、私たちは何人もの洞窟探検家にご協力いただいた。それぞれに個性的で魅力的な彼らに共通するのは、不思議なほど「穴があったら入りたがる」ことだ。「そこに山があるから」と登る登山家よろしく、そこに穴があれば、どんなに小さかろうと狭かろうと、泥だらけだろうと水がたまっていようと、彼らは何とかして入っていく。知識も経験もない私がうっかりついて行けば、身動きのとれない岩の隙間に体をねじ込み、水の流れる洞窟を口だけ出して進み、ロープにぶら下がって60ｍも地下に降ろされる羽目になる。まったくもって生きた心地がしないが、彼らは平然と、どんどん進んでいくのだから恐れ入る。

おきなわワールドに勤務する大岡素平さんも、そんな洞窟探検家の1人だ。大岡さんは、その特殊技術を活かして観光鍾乳洞の整備や洞窟探検ツアーを実施されており、私たちの調査にも献身的にご協力いただいている。そんな彼に、近隣の洞窟や岩陰を案内してもらった。

沖縄島の南部を流れて河口部の港川遺跡へと至る雄樋川は、琉球石灰岩を縦横無尽に浸食し、たくさんの鍾乳洞をこの一帯に作り上げてきた。「玉泉洞(ぎょくせんどう)ケイブシステム」とよばれる鍾乳洞群である。その中には、長く狭く暗い洞窟もあれば、武芸洞のように明るく広く風通しのよい空間もある。水が流れる所も、粘土が堆積している場所もある。草藪に覆われた岩陰も、川の増水で水没する岩陰もある。一見すると何の変哲もない小さな川の流れは、私たちが沖縄に来るよりはるか昔から、絶え間なく、複雑な形の洞窟や険しい崖、そこにそっと佇む岩陰を、形づくってきたのである。

そうした場所を、大岡さんの案内のもと、ひとつずつ訪れていった。物静かな彼は、足下のおぼつかない私を気づかいながら先導してくれる。進路をふさぐ枝を払い、足下を整えながら、ゆっくりと確かな足取りで進んでいく彼の背中は、たいへん心強く頼もしい。だが、ちょっと困るのは、たまに洞窟の暗闇で、物静かに姿をくらましてしまうことだ。

私は、洞内で遺物を探すのに集中し、ヘッドライトの明かりを頼りに足下ばかり見て歩き回っている。漆黒の闇で見えるのは、ライトに照らされた直径50cmほどの小さな範囲に限られ、その照射範囲の外側は、ライトの明るさに慣れた目にはいっそうの暗闇となって視界が遮断されてしまう。時おり顔をあげて周囲を見渡しながら、見落としのないように少しずつ、意識を研ぎ澄まして洞床の堆積物に目をこらす……。

やがて、ふと顔をあげると、目の前を歩いていたはずの大岡さんの姿がない。暗闇にひとり取り残され、ゴウゴウと流れる水音が聞こえるばかりである。それまで意識の外にあった洞窟の暗闇が、瞬く間に私の心を支配する。自分の置かれた状況が理解できず、鼓動が早鐘のように耳の奥で響きはじめる。少しでも心を落ち着かせようと、周囲を見渡して状況把握につとめるが、やはり大岡さんの気配はない。ここまで来た経路は、たぶん覚えていると思う。途中、それほど危険な場所は通らなかったはずだ。何とか入り口まで戻ることは、1人でもできるはずだと自分に言い聞かせる。それにしても、大岡さんはいったいどこに行ってしまったのだろうか……。

必死の思いで大岡さんを呼ぶと、思いがけず足下から返事が聞こえた。声のする先を照らすと、直径50 cmほどの穴があいている。まさかと思いつつ、再び名前を呼んでみると、くぐもった返事は間違いなくその小さな穴から響いてくる。彼は、どうやらこの中にいるらしいが、いったいどうやって入ったのか、私にはさっぱりわからない。

「どうやって入ったんですか？」

「えっと、普通に……」

彼のいう「普通に」の意味が、私にはさっぱり理解できない。自分が入るのはどう考えても無理そうだが、その先はどんな空間が広がり、そこにはいったい何があるのだろう。ひょっとしたら、大変な発見が待ち受けていたりしないだろうか。

さまざまな思惑に心を惑わせつつ、「何かありますか？」と尋ねると、「えー、粘土と鍾乳石があります」との返答。なるほど。たいていの洞窟には鍾乳石と粘土があるので、今回は、無理して入るのはやめることにした。

残念半分、安堵半分。化石が見つからないのは残念だが、小さな穴に無理に入らずに済むのはありがたい。そんなこんなで、２人の洞窟調査は続いた。洞窟探検家と行動をともにすると、こんなエピソードには事欠かない。

そしてサキタリ洞へ

こうして時に肝を冷やし、時に泥だらけの暗闇にうんざりしながら、それでも調査を続けた。雄樋川を下流から上流へ向かって調査を進め、やがてサキタリ洞に至ったとき、洞窟の入り口で、ふと輝くものが目についた。

それは、小さな海の貝のかけらだった。長さ3cm、幅1・5cmほどの紡錘型に加工された真珠貝の基部に、２つの穴があけられている。時代はわからないが、人工品であることは一目瞭然だ。どうしてこんなものが落ちているのだろう……、いつごろのものだろうかと思いつつ、周囲を見わたすと、土器のカケラも落ちている。私は土器の専門ではないが、何となく縄文時代っぽい気もする。さらに探して回ると、貝の腕輪やイノシシの歯など、次々と気になる遺物が見つかった。

聞けばこの洞窟は、過去に遊歩道の一部として階段や通路を整備したことがあり、そのときの工事でも、海の貝や土器、イノシシの骨などが回収されたという。さっそくそれらの遺物を見せてもらうと、縄文時代から弥生平安並行時代（沖縄の歴史では弥生時代がないため、こんな表現になる）のものが含まれていた。こうした遺物があるなら、洞窟のどこかに遺物を含

図8　サキタリ洞はカフェとして使われており，コーヒーを楽しむお客さんたちのすぐ隣で，発掘調査が行われている。

む堆積層があるに違いない。旧石器時代まで遡るかどうかは、掘ってみなけりゃわからないが、発掘する価値は十分にありそうだ。

かくして私たちは、サキタリ洞を発掘することに決めた。２００９年11月のことだった。

サキタリ洞は、床面積６２０m^2ほどのホール状の洞窟だ（図8）。東西に開口部があり、大きく開いた東の洞口から差し込む南国の日差しは、洞内をやわらかく照らしている。小さな西側の洞口を抜けると、雄樋川が流れており、水を得ることもできる。何とも暮らしやすそうな洞窟である。遠い昔、この洞窟で酒造りをしていたという言い伝えがあり、酒を醸造することをウチナーグチで「サキ(酒)をたりる」ということから、「サキタリ洞」の名がついたと言われている。

すでに述べたとおり、この洞窟は「ケイブカフェ」として使われている。天井が高く開放的な洞内には、おだやかなＢＧＭが流れ、天井に形成された巨大なつらら石から、時おり水がしたたり落ちる。そんな非日常の空間でいただくコーヒーや黒糖アイスは、格別である。旧石器時代の洞窟遺跡というと、何だか山奥のひっそりとした洞窟をイメージしていたが、コーヒーの香りを楽しみながら発掘調査をすることになろうとは、思ってもみなかった。

カニ、カニ、カニ、カニ

そんなロケーション抜群のサキタリ洞で調査を始めたものの、最初の2年間は堆積層の意味がまったく理解できなかった。掘れども掘れども、石器も人骨もシカの骨も、私たちが期待する遺物は何ひとつ見つからなかったからである。およそヒトの気配を感じさせる遺物は何もなく、代わりに出てくるのはモクズガニやカワニナの殻ばかりである。カニ、カニ、カニ、カワニナ、カニ、カワニナ、カワニナ、カニ、カニ、カワニナ、カニ……。カタツムリの殻や、カエルなどの小さな骨もあるが、どうしてこれほど多くのカニやカワニナが堆積したのだろう。炭もかなり含まれるが、由来がわからない。炭ができる理由として一番に思いつくのはヒトの焚き火だが、ヒトが焚き火をしていたとすれば、そこでイノシシやシカを焼いて食べそうなものである(と、当時は思い込んでいた)。それなのに、サキタリ洞からは、イノシシの骨もシカの骨も、まったく見つからない。

それでは、自然の要因、例えば山火事で炭ができたと考えてみよう。たくさんのカニとカワニナは、山火事で説明できるだろうか。山火事で川の水があたたまって天然ゆでガニができるとか……？　その死骸が水で流されて洞内に集まったとしたら……？　いや、それならもっと小型のサワガニだって含まれるはずだ。だいいち、サキタリ洞の堆積には、水が流れた痕跡がない。

土はやわらかくてフカフカで、とても古い堆積層と思えない(当時の私は、堆積層は年を経るにつれ、しまって固くなっていくと信じ込んでいた)。かといって、新しいガラス片や鉄釘などの現代遺物が混ざるわけでもない。山火事とも思えないが、ヒトが食べたというには、あまりにカニすぎる。いったい全体この堆積は何なのか。発掘を続けるうちに、憤慨にも似た気持ちが、私の胸のうちをグルグルと当てもなく渦巻くようになっていった。

掘り続ける日々

何もわからないまま調査を続けるのは心理的にけっこうキツいものがあるので、せめて年代を調べることにした。成因はどうあれ、堆積層が新しければ調査を続けても仕方がないし、古すぎても(ヒトが渡来するよりずっと前の時代でも)時間を費やすべきか悩むことになる。幸いに、年代測定の材料となるカワニナや炭は豊富に含まれるから、試みにカワニナを年代測定に出してみた。

実はあまり期待していなかったのだが、得られた結果は、そんな予想をよい方向に裏切るものだった。なんと、約2万3000年前だったのだ。我々が目標とするのは、約2万年前の港川人が生きていた時代を調査することだ。ドンピシャと言っても過言ではない。港川人と同時代であるなら、堆積の正体がわからずとも、調査しない手はない。何かヒトの痕跡が少しでもあれば大発見だし、何も見つからなくとも、動物の化石などを調べて、当時の環境を推測できるかもしれない。

そう考えることで、疲れ果て、ささくれ立った私たちの心に、わずかな希望が生まれた。そのかすかな希望を頼りに、毎日、調査ピットに赴いた。

当然ながら掘るたびにピットは少しずつ深くなり、出入りにも苦労するようになっていく。1m×2mの調査ピットを設定して掘り始めたのだが、崩れやすい堆積層を垂直に掘り進めることは難しく、どうしても壁は少し斜めになってしまう。そのため、深くなるほど穴は狭くなり、だんだん身動きもとりにくくなってきた。

朝、ピットに脚立を入れて降りたら、仲間に脚立をあげてもらう。そうすると、もう、1人ではピットから出ることができない。狭い穴の底にしゃがみこみ、西側に背中をむけて東半分を5cmほど掘り、こんどは東側におしりを向けて西半分を5cmほど調査する。掘った土は手箕(ちり取りのような容器)で持ち上げ、上に待機する仲間に受け取ってもらう。再び東半分を発掘し、また西半分を掘り下げる。日がな一日、ピットの底でぽつねんと、東を向き、西を向き、黙々と竹串で土を掘る日々が続いた(図9)。

ほとんど言葉を発することもなく、今日も明日も明後日も、出てくるものといえばカニとカワニナと炭とカタツムリ。先週も今週も来週も、カニとカワニナと炭とカタツムリ。去年も今年もカニとカワニナと炭とカタツムリ。ひょっとして、来年も同じ状況が続くのだろうか……?　時おり見つかるネズミの骨が、なぜか嬉しい。カエルの骨が、不思議と愛おしい。鳥の骨でも出ようものなら、小躍りして喜びたくなる。そんな小さな喜びに心躍らせつつ、無心に土を掘り続ければ、思考もだんだん滞りがちになる。無の境地とは、かくなるものか。やがて、ピットの深さが2mにも達しようとするころ、ふと、絶滅シカの化石が目にとまった。長さ3cmほどの小さなカケラだが、まぎれもないシカの角の先端部だ。そういえば港川遺跡でも、人骨とともにシカの化石が見つかっている。覚えず、「人骨発見」という言葉が頭の片隅を

図9　2010年当時の調査の様子。ぽつねんと調査する背中に哀愁が漂う。

かすめるが、今はただ、無心に掘るに努めよう。

邪念を払って掘り続けると、またシカが見つかる。今度は2㎝ほどの指の骨である。むくむくと心にわき上がる期待を押し留めるのが難しいが、いらぬ期待は落胆のもと。「そんな都合よく、人骨など見つかるわけがないさ」と自分に言い聞かせた矢先に、発見は訪れた。人骨だ。

人骨が出た!?

それは、小ぶりの環椎(首の一番上の骨)だった。

「あれ?」というのが、最初の印象である。そこまで、骨といえばネズミやカエルなど小動物ばかりだったが、堆積層の中からチラリと姿を現したそれは、小動物にしては大きい。少し前から絶滅シカが出始めていたが、シカ類にしては妙にキャシャで骨が薄い。いったい何の骨だろう。

ともかく全貌を見ないと何かはわからないので、竹串で丁寧に土を取り除いた。すると、姿を現したのは輪っか状の骨だった(図10)。その骨が何であるかすぐには理解できず、しばらく眺め、それから骨の表面を少し指でなでて、こびりついた土を落としてみる……。

「あっ!」――私は無意識に叫んでいた。ピットの上で待機していた栗田隆気(たかき)さん(当時は琉球大学の学生で、発掘を手伝ってくれていた)が、「何か出たんですか?」と覗き込む。思わず私は、両手で骨を隠してしまった。なぜそんなことをしたのか、自分でもわからない。嬉しいとかではなく、頭の中が真っ白になり、ただ、「しまった！」と思ったのだ。やがて、絞り出すように「すごいのが出た……。人骨……」と、つぶやくのが精いっぱいだった。

とにかく大変な発見である。作業を一時中断して、しっかりと状況を確認しなければならない。同僚で、サキタリ洞の別の区画を発掘していた山崎真治さんを呼びに行き、層序や出土状況をお互いに確認しあう。次いで、出土位置の三次元測量と写真撮影を念入りに行う。興奮しているためか、時間はあっという間に経過していく。写真も、何枚撮ったかわからない。「もう、やり残したことはないな」と互いに確認し、いよいよ人骨を取り上げる。小ぶりな環椎だ。興奮してしばし眺めた後で、アルミホイルにくるんで、ラベルを添え、タッパーに大事にしまう。これでとりあえずは、一段落である。

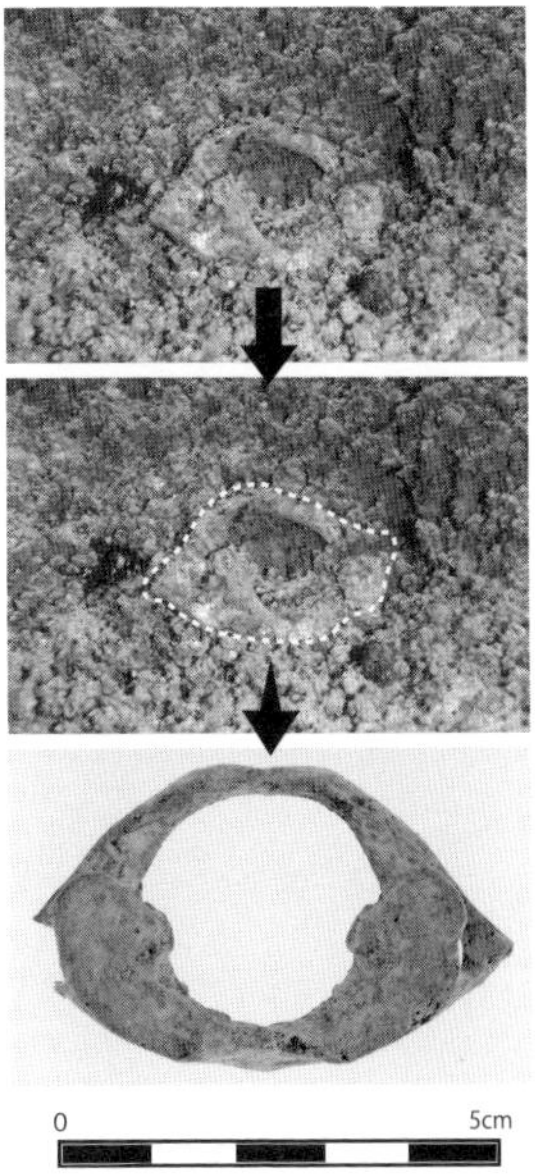

0　5cm

図 10　環椎が見つかった瞬間（上，中）と，取り上げて土を落とした状態（下）。中段では，環椎の部分を点線で囲って示してある。

翌日の調査で、ほぼ同じ場所から肋骨も見つかった。細くキャシャな肋骨で、幼児のものらしい。前日の人骨(環椎)も、小ぶりだったのは幼児だからかと合点がゆく。

一般的に発掘調査で人骨を発見しても、1点や2点だけでは、本当にその地層に埋まっていたものかどうか不安がある。本当は新しいものが何かの偶然で古い地層に落ち込んでしまうことが、絶対にないとは言い切れないからだ。とりわけ洞窟では、水の流れで地層に穴があき、そうした穴を通って細かい遺物が古い地層に落ち込むことがある。

だが、今回出土した子供の環椎は、小ぶりとはいえ、まあまあの大きさだ(幅5cmほど)。さすがにこのサイズのものが、ずっと上の層から落ち込む心配はないだろう。しかも、同じ子供のものと思われる数片の肋骨が一緒に見つかっているのだから、やはりこれらの人骨は、この堆積層にもともとあったのだろう。周辺の土を念のためよく観察するが、明らかに水の作用でできたような穴は認められない。これなら大丈夫だろうと一安心し、同じ地層から、年代測定のために炭やカワニナも採取しておいた。

これらの人骨は、何しろ2万~2万3000年前の炭やカニをたくさんふくむ地層から、さらに1mほど掘り下げた地点から見つかっている。この深さからは、数万年前に絶滅したリュウキュウジカやリュウキュウムカシキョンの化石も見つかっているのだから、相当に古いことは間違いない。我々の発掘調査の成功は、約束されたも同然である。こうして私たちは、2010年の調査を興奮のうちに終了した。

年代測定の難しさ

人骨発見に気持ちも昂るが、まずは落ち着いて、その年代を調べなければならない。ところが、これが大変だった。最終的に3万年前の人骨と結論を出すのに、なんと6年もの歳月をかけることになったのだ。

はじめに、人骨と同じ層準（積み重なった地層のある特定の位置。同じ層準からの発掘物は、同時代に堆積したと考えられる）と思われる堆積層から採取した炭を年代測定に出してみた。今か今かと結果を待って、3ヶ月後に届いた報告書には、なんと「3万6000年前」と書かれていた。日本最古の山下町第一洞穴の人骨とほぼ同じ年代だ。分析した炭はシカの化石の近くから採取されたものだし、おかしな年代ではなさそうだ。断片的とはいえ、日本最古レベルの人骨ということになる。控えめに言っても大発見だ。

ハナンダガマの発掘から数えて5年目の快挙に、天にも昇らん心持ちだが、何かの間違いがあってはいけない。「勝って兜の緒を締めよ」と昔から言うように、重大な成果であるときこそ、間違いないように慎重に事を進めねばならない。念のため、人骨と同じ層準にあった別の炭をもう1点、年代測定に出しておこう。

これでまた同じぐらいの古さになれば、決まりだな……とほくそ笑んで待っていると、3ヶ月後に送られてきた報告書には、なんと「2万8000年前」と書かれていた。全然、違うじゃないか！――旧石器時代の年代ではあるし、2万8000年前でも十分古いのだけれど、私たちの期待を大きく裏切る数値に愕然とした。

これは困った。どちらも人骨のごく近くから採取した炭なのに、どうして1万年近くも違う値が出てしまったのだろう……。

当然ながら、砂や泥などが古い順に上へと堆積していってできたものが地層だ。層準が同じであるかどうかは、堆積物を構成する粒子の大きさや色などから判断されるため、似たような堆積が長期にわたってふりつもるなどした場合、同じ層準とみなされていても、推定される年代には大きな幅が出てしまうことになる。

今回の人骨が出た堆積層は、1万年くらいかかって堆積した、年代幅の大きい層なのか。地層が部分的に乱れて、古い炭と新しい炭が混ざってしまったのか。あるいは、狭いスペースで調査しているので、実は年代の異なる薄い地層が何枚も重なっているのを見極められていないのか……。年代幅が広いと、何かを見落としているのではないかと不安にもなる。地層をよく観察しなおして、何が原因かを突き止め、人骨の年代幅を少しでも正確に知りたいところである。

しかし、地層を観察する前に、人骨の年代測定にはもう1つ、人骨そのものを分析して調べる方法もある。ひとつ、これを試してみよう。

おそろしく悩ましい決断

そんなわけで次に試したのは、骨からコラーゲンというタンパク質を抽出して、そのコラーゲンから年代測定を行う方法だ。コラーゲンはヒトの体内で作られるので、その人骨の年代を知るには最適の材料である。

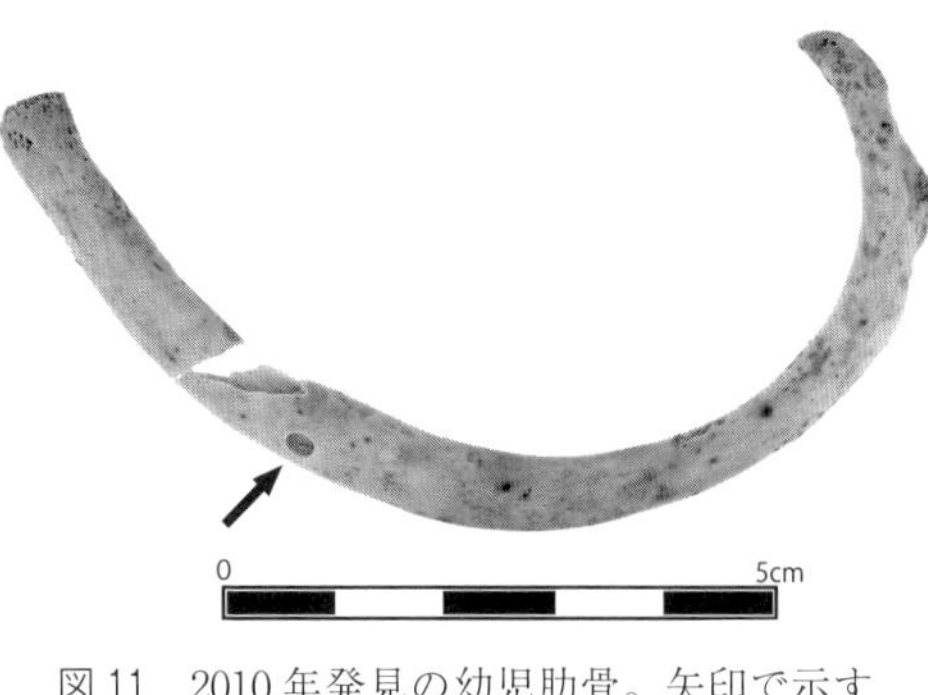

図 11　2010 年発見の幼児肋骨。矢印で示す穴は，コラーゲンが残っているか調べるため削った部分。

しかし多くの場合、骨が地中に埋まっている間に、コラーゲンは分解されてしまう。運よくコラーゲンが残っているか否か、それが問題だ。

「それが問題だ」などと言っている暇に、早く調べればいいじゃないかと思うかもしれない。しかし、調べるには骨を溶かさなければならないのだ。骨をちょっと削って、耳かき1杯程度の骨粉が得られれば、コラーゲンが残っているかどうかが確認できる。だが、やっと発見した小さな骨を、少しでも破損するのは忍びない。骨は、溶かしてしまったら最後、形態などの情報を新たに得ることは永遠にできなくなってしまうのだ。

そのうえ、運よくコラーゲンが残っていたとしたら、次にはもっと骨を溶かして、年代測定に必要な分量のコラーゲンを抽出することになる。骨壁の薄い幼児の肋骨なら、半分ほどもなくなってしまうだろう（最近は、もっと少量の骨で年代測定が可能になったらしいが、２０１０年の時点ではまだかなりの分量を必要とした）。苦労して発見した、日本最古級かもしれない骨を、果たして半分も溶かしてよいものだろうか。

それは、おそろしく悩ましい決断である。年代は知りたいけれど、骨は壊したくない。悩んだ末に、その矛盾する感情に重たい蓋をし、その蓋を巨大なボルトで固定して、さらに溶接してコンクリートで塞ぐくらいの気持ちで勇気を振り絞り、コラーゲンの残存を調べてもらった。幼児の肋骨にある小さな穴は、このときのサンプリングであいたものだ（図11）。

結果として、残念ながらコラーゲンは残っていなかった。ということは、簡単には年代が決められない。けれども、残っていないことが確認できたらば、骨の大半を溶かすべきか否か、もう悩まなくてよい。気持ちを切り替えて、地層の順番を特定し、人骨が出た層の年代幅を決めるまでだ。

嬉しい誤算

かくして、地層を正確に見極めるため、発掘区画を広げることにした。

狭いピットの中では、身動きもとりにくくなってきているし、照明も満足にあてられない。

そんな状況で足元の地層を詳細に観察しようとしても、満足な観察などできるはずがない。記録のための写真を撮るのだって、一苦労だ。もちろん、異なる年代の地層の間に明らかな違いがあるなら、条件が悪くても見分けられるが、そうでないから、２つの炭の年代がずいぶん異なっていたに違いない。

人骨が出るあたりに地層の境目があるのか、部分的な地層の乱れがあるのか。いずれにせよ、堆積物の微妙な違いを見極めなければならない。発掘区画が狭くて微妙な違いを観察できそうにないとすれば、区画を広げて広いスペースをつくり、人骨が出た層とその前後がより明瞭に判別できるような場所を探すしかない。

というわけで、人骨発見の翌年、２０１１年の調査では、区画を広げて掘り進めることにした。１ｍ×２ｍの区画を、２・５ｍ×３ｍに広げて、また上の層から掘り下げるのだ。しかも、ヒトがいたことがわかってしまったのだから、これからの調査は今までよりも慎重に進めなければならない。どうしても時間がかかってしまうが、他に方法がないのだから仕方がない……。

だが、この決断が、私たちの調査の大きな転機となった。目標とする人骨出土層にたどり着く前に、次々と大発見にめぐまれたのである。具体的には次章以降で紹介するが、石器や新たな人骨、貝器など、旧石器人の生活痕跡が続々と見つかったのだ。

どれもこれも、たいへん嬉しい誤算であるが、発見が続けば、調査はさらにゆっくりと、慎重に進めざるを得ない。小さな遺物も取りこぼさないように、竹串で少しずつ堆積層を掘ってゆき、何か遺物が出るたびに、写真撮影と測量を行って、年代測定に使えそうな保存状態のよい炭があれば一緒に取り上げて保管する。重要そうな遺物だけでなく、掘り出した土もすべて土嚢袋に入れて持ち帰った。後日、その土は時間をかけて水洗フルイにかける。発掘中に見落としてしまいがちな細かい遺物も取りこぼさないようにするためだが、べらぼうに手間と時間がかかる作業である。時間はあっという間にすぎていき、振り返ればサキタリ洞調査開始から7年、最初の人骨発見から6年もの月日が経過していた。

それが長いか短いかは考え方次第だが、1人の研究者人生からすると、けっこうな時間をかけた調査である。だが、その甲斐もあって、くだんの人骨が出土した層の年代は、約3万年前と特定することができた。人骨出土層のすぐ上に、特有のやや黄色っぽい2万8000〜2万9000年前の地層があることも確認でき、それより上の層から落ち込んだ人骨でないという確証も得られた。

ここまで証拠をそろえられれば、自信をもって「3万年前の人骨です！」と発表できる。最初に期待した3万6000年前に比べれば古くないが、日本で2番目に古い人骨と考えれば、十分に価値ある発見だろう。しかも、人々の食料であったと考えられる動物遺骸の年代は、3万5000年前まで遡ることもわかった。7年間の発掘調査の成果としては、実に悪くないどころか、おそらく誰に聞いても「素晴らしい成果」と評価してくださるに違いない。

遺跡探しからの長い道のりを経て、やっと私たちも、心の重荷をドサッと降ろすことができたのだった。

コラム　遺物の古さを測る方法

発掘で見つけた遺物の古さを知るには、年代測定を行う必要がある。年代測定は、時間とともに変化する物質を調べる化学的な分析のことで、アルゴン‐アルゴン法とか、ウラン‐トリウム法など、さまざまな方法がある。日本でよく用いられているのは、放射性炭素年代測定法というもので、炭素14（^{14}C）という、炭素の放射性同位体の量を分析する方法だ。

自然界に存在する炭素のほとんどは^{12}Cだが、窒素（^{14}N）が宇宙線などの影響で変化することで、^{14}Cもごくわずかにつくられる。生成された^{14}Cはまた時間をかけて窒素へと戻るため、生成と消滅のバランスで、自然界には一定量の^{14}Cが存在することになる。

生物が光合成や食事などによって炭素を体内に取り込むときに、この^{14}Cも一定割合で取り込まれるため、生物の体内にも^{14}Cは一定割合で存在する。だが、生物が死んだ時点で新たな^{14}Cは取り込まれなくなるので、そのあとは、生物体内の^{14}Cはゆっくり減っていくことになる。そのため、炭（樹木の遺骸）や貝殻、動物の骨に含まれるタンパク質などにどのくらい^{14}Cが残っているかを調べることで、死んでから経った時間の長さを推測できるのである。

放射性炭素年代測定には、巨大な機械と専門技術を要するため、多くの考古学者は年代学の研究者や、放射性炭素年代測定の機械をもっている企業にお願いして、遺物の古さを測ってもらうことになる。企業にお願いする場合、1点あたり6〜7万円くらいの費用と、3ヶ月程度の時間が必要となる。私たちの発掘チームでも、こうした企業に年代測定を何度もお願いし、結果が出るのを首を長くして待ち続けたものである。

コラム　見つけてしまったお墓

こうして人骨発見に至ったサキタリ洞だが、発掘してみるといろいろな地層から人骨が見つかった。だが、どれも断片的なのが不思議である。1万4000年前の地層からは小さな歯と手根骨（しゅこんこつ）（幅1cmほど）、2万〜2万3000年前の地層からは歯と足根骨（そくこんこつ）（足首あたりの骨。幅4cmほど）、それに先述の幼児の首の骨や肋骨片など、どの層からも小さい骨ばかりが少しだけ見つかるのはどうしたわけだろう。

現在の私たちの生活を考えれば、人骨があるところは、まずお墓である。旧石器時代だって、基本的には人骨があるのはお墓であろう。ということは、洞窟の入り口あたりに、お墓もあったに違いない。けれども、人が生活したり、長い年月を経るうちに、風雨の働きでそうしたお墓の一部が崩れたりして骨が露出することもあったかもしれない。

そうして露出した人骨は、再び埋葬されたり別の場所に移されたりしたかもしれないが、案外ほうっておかれた場合もあるだろう。そんなバカなと思うかもしれないが、普通に暮らしていると動物骨と人骨を見分ける必要などないから、人骨が落ちていても案外気づかなかったりするのだろう。一般的に、目立たない小さな骨ほど、見つけるのも見分けるのも難しくなる。そうした小さな骨が、何かの拍子に洞内に入り込んだと考えれば、小さな骨だけが洞内から見つかることがうまく説明できる。

そうは言っても、いったいお墓はどこにあるのだろう。念のため洞窟の入り口あたりも発掘してみたが、雨にあたって地層の保存が悪いせいもあってか、なかなか見つからない。残念だが、嘆いている暇があるなら、別の場所を掘るほうがよい。

かくして黙々と発掘を続けると、2012年のある日、思いがけないところでお墓が見つかった。たくさんのカニや3万年前の人骨が見つかった西側入口付近ではなく、同時に発掘していた東側入口付近である。東側の発掘区では、グスク時代(11〜15世紀ごろ)の遺物包含層やお墓の下に、順々に古い時代の地層が発掘されていた。9000年前の厚手の土器も見つかっていたが、さらに下層は遺物がほとんど見当たらず、そろそろ発掘を止めるかどうするか、悩んでいたころだった。私がグスク時代のお墓の人骨を発掘していたところ、1.5mほど下の調査区画で、作業員さんがヒトの上腕骨を見つけたのである。

まったく予期しない発見であったが、この人骨のまわりを調査していくと、何と全身の骨が見つかった。仰向けに寝たヒトの上半身の骨が、つぶれているものの、ほぼ完全に残っている。脚は残念ながら地層とともに失われてしまっていたが、胸、腹、頭、右腕の上には石が置かれた、疑いようのない埋葬だ。

9000年前の地層より下から出ているので、古いことに間違いはない。1万年前か、2万年前か、あるいはもっと古いのか……。まだ年代測定の結果が出ていないため確かなことはいえないが、いずれにしても大発見であり、今後の調査が楽しみで仕方がない。

3 カニとウナギと釣り針と
――旧石器人が残したもの

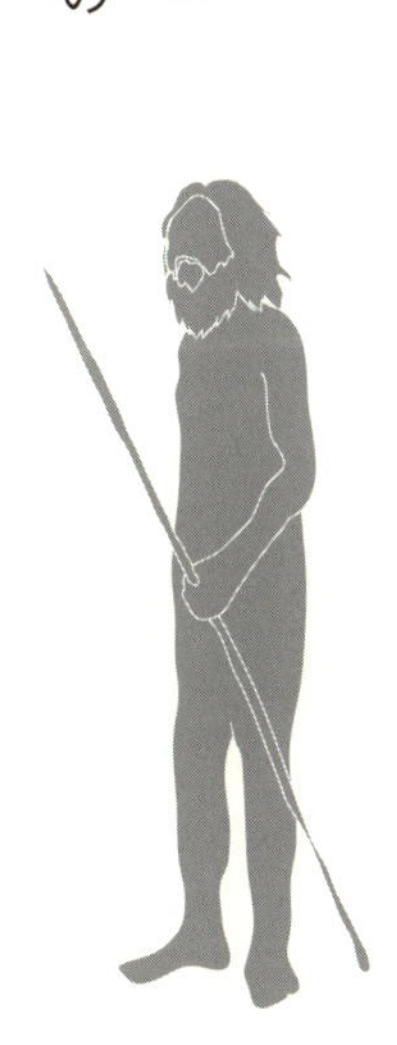

人並みに苦労を重ねた末、幸運にも私たちは古い人骨を見つけることができ、続く調査で数々の大発見に恵まれることになった。遺跡調査は、いい遺跡を見つけるまでは苦しいが、一度いい遺跡を発見できれば、そこからの調査はひどく楽しいものとなる。

この章では、２０１１年に発掘区画を広げてからの一連の発見をたどりながら、サキタリ洞の旧石器人の食料や暮らしぶりを私たちがどのように明らかにしてきたか、その推理の過程を紹介してゆこう。

沖縄で旧石器を見つけた！

最初の発見は、約1万4０００年前の地層（I層）から見つかった3点の石器だった。石英でできた小さな剥片石器が、ヒトの乳歯や成人の手根骨と一緒に見つかったのである（図12）。年代としては、旧石器時代の最後くらいに相当する時代だ。

白い半透明の石を割って作られた小さなそれらを見ていると、石器の専門家でない私は、

図12　左から，成人の手根骨，子どもの犬歯，石器3点。いずれもⅠ層から出土した。

本当に石器なのかと心配になる。だが、間違いなくそれは、旧石器人の作った石器なのである。同僚の考古学者である山崎真治さんは、子細な研究によってそのことを示した。

これらが石器と判断された理由の1つめは、石英という石が沖縄島南部のサキタリ洞周辺には存在しないことである。石なんてどこにでもあると思うかもしれないが、私たちの住む大地は、地域ごとに地質学的な成り立ちが異なっているので、どこにでも同じような石があるわけではない。サキタリ洞のある沖縄島南部は、石灰岩が広く分布しており、その下層には泥岩の地層が眠っている。そのどちらにも、石英は含まれないのである。そのため、沖縄島で石英を探そうと思えば、サキタリ洞から30 km以上も離れた読谷村とか恩納村以北まで行かなければならないのだ。

そんな離れたところにある石英が、ひとりでにサキタリ洞まで転がってくるはずはなく、動物に蹴られたり水に流されたりしたとしても、30 kmもはるばる移動するとはとても考えられない。しかも、石英という石は、硬度が高くて加工しにくいものの、石器として使われることのある石である。上手に割れば、するどい刃物を作ることができるのだ。となれば、石器を作るためにヒトが運んできた可能性は十分にあるし、逆に、それ以外の可能性はまず考えられない。

さらに山崎さんは、自然に割れた石英の小破片２５００点を野外で拾ってきて、それらの形を計測し、サキタリ洞の石英片が「不自然に」薄く割れていることを明らかにした。自然の風化によって割れた石英は、多かれ少なかれサイコロ状で、表面も風化しているのに対し、サキタリ洞出土の石英片は３点とも、かなり薄く割れており、しかも表面が新鮮なのである。新鮮といっても、部分的に鍾乳石が固結していたので、発掘中にスコップがあたって割れたり、クリーニング中に誤って割ったりしてしまったわけではない。洞窟の堆積層に埋まるちょっと前に割れて、それがそのまま埋没していたということだ。そのうえ、もっとも小さな1点には、何度もたたかれたかのような微小な傷もあった。ちょうど、石英片を何かに押しつけ、クサビのようにコンコンと叩けばこのような傷がつくと思われる。

つまり、石器ははるばる30km以上も移動してサキタリ洞にやってきて、不自然に薄く割れ、その一部は何度も叩かれた後、程なくして堆積層に埋まったということになる。そして、同じ年代の地層からは、焚き火によってできたたくさんの炭や、食料の可能性がある海の貝やイノシシの骨、そのうえ先述のように、ヒトの乳歯や手根骨も見つかっている。ということは、ヒトが石英を運んできて、それを割って石器を作り、何らかの目的で使ったと考えるよりほかにないだろう。さらに、堆積層を全て水洗して小さな遺物を全て回収していたときに、小さな、2㎜ほどの石英の微小破片も見つかった。石器を作るために石を割ると、こうした破片ができる。すなわち、旧石器人が、サキタリ洞で石器を作っていたということだ。

第1章で紹介したとおり、沖縄では旧石器時代の人骨が見つかるのに、不思議なほど石器の発見が少なかった。そうした中で発見した石器である。旧石器時代も末期とはいえ、そしてたった3つとはいえ、この発見は私たちにとって、とても大きな喜びだった。

またしてもカニ

調査を続ければ、発見も続く。石器発見の翌年、2012年のことである。大量のカニ、そしてまたしても人骨と、海の貝が出土した。ちょうど、調査が1万3000〜1万6000年前の地層（Ⅰ層）から2万〜2万3000年前の地層（Ⅱ層）に移ったときだ。

このⅡ層は、Ⅰ層よりも炭の含量が多く、堆積層全体が黒っぽい色をしている。地層は、長い時間をかけて形成され、その過程で環境が少し変わると、堆積層に境目ができる。その境目を見分けるのは、違いが微妙すぎて難しいこともしばしばある。だが、このⅡ層はとても特徴的で、誰が見ても色の違いを見分けられるほどだった（図13）。

しかも、カニやカワニナ、カタツムリなどの殻が、Ⅰ層とは比較にならないほど高い密度で出てくる。小動物の化石も次から次へと出てきた。

次々と遺物が出てくると、掘っていてとても楽しい。2010年に人骨を発見するまでは、

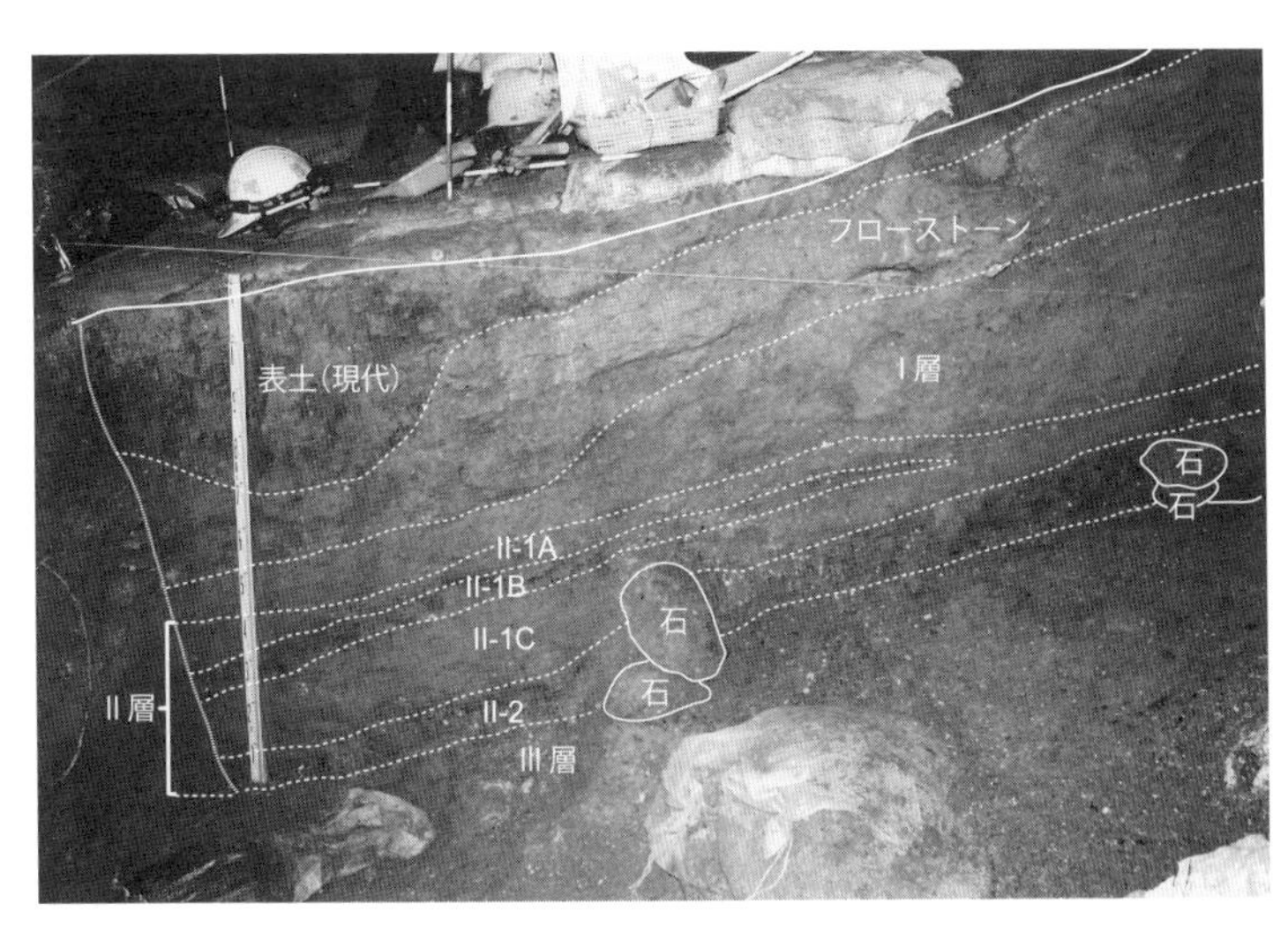

図13 サキタリ洞の旧石器時代の堆積層。黄色っぽいⅠ層に対し，Ⅱ層は灰色がかっており，その中でもⅡ-1B層とⅡ-2層は，特に炭が多く黒っぽい色をしている。

意味のわからない多量のカニにイライラしながら掘る日々だったが、今は心に余裕もあり、ヒトが住んでいた場所であることを実感しながら掘っている。多量のカニが出るということは、旧石器人は毎日まいにち、カニを食べていたのだろう。そう考えると、それまでは苦しかったカニ掘りが、楽しくて仕方なくなった。

楽しみながらカニ掘りを続けていると、人生もよい方向に転がるもので、わずかながら人骨も見つかった。第3大臼歯(親知らず)と足根骨(足首辺りの骨)だ。やはり断片的であるものの、続々と成果が出続けるのは気分のよいものである。

貝は割れていた

そして、同じⅡ層から特にたくさん見つかったのが、海の貝のかけらだった。海の貝が、どうやってここまで来たのだろう。

サキタリ洞は現在、海岸から2kmほど内陸で、標高約40mにある。約2万年前には、地球全体が寒いおかげで氷床が増えて海の水が減り、今より120〜130mほど海水面が低かったと考えられている。すると、当時のサキタリ洞は海から5〜6km内陸であったはずで、標高は160mほどだったということか。

そうすると、さすがに海の貝が自然に洞窟まで移動してくることはないだろう。巻き貝ならば、オカヤドカリが「住み処」として背負ってくる可能性もあるが、サキタリ洞から見つかる貝は、ヤドカリが利用しない二枚貝が圧倒的に多い。大きな津波が起こると、海岸からいろいろな物が運ばれることがあるが、その場合には貝殻だけでなく、海の砂や海岸礫、サンゴなど、さまざまな海のものが一緒に運ばれてくるはずである。あとは、石灰岩に封じ込まれていた貝殻が溶け出した可能性も考えなければならない。だが、多くの場合、そうして溶出した貝には、石灰岩が付着していたり、表面が劣化したりしているものである。数点の貝殻なら、偶然に保存状態もよく、きれいさっぱり石灰岩が溶けてしまうこともあるかもしれないが、数十点も見つかった貝のすべてに石灰岩が認められないのは、溶出したものではないと考えるべきだろう。

すると、残る可能性はヒトが運んだという説明である。何の目的で運ぶのかといえば、「食べるため」という理由がもっとも考えやすい。カニに加えて海の貝も食べていたというのは、当時の私たちにはかなり意外であったが、それに気づいてからというもの、掘るのが楽しくて仕方がなくなった。「お、貝殻だ」「また貝殻だ」「海の貝もけっこう食べているのかな」「お、今度はムール貝だ、旧石器人グルメじゃね？（もっとも後で調べたら、クジャクガイという、ムール貝に近いものの、あまり食用とならない貝だった）」などと、軽口をたたきながら、調子よく掘り進めた。

だが、あるときふと、貝殻がどれも割れていることが気になった。そろそろ数十点も貝殻を掘りあげているが、そのすべてが割れている。それも、ちょっと欠けるとか、何かの拍子に半分に割れたという感じではなく、わりに細かい破片となっている。これほど割れているのは、どうしてだろう。それまで貝は旧石器人が食べたものと思っていたが、私たちは貝を食べるとき、貝殻を割ったりしない。二枚貝なら熱すればパカッと開くことを、皆さんもよくご存じだろう。ならば、なぜ割れているのか。だんだんそれが気になりだした。

気になった私たちは、掘り出した貝の破片を、何度も何度も繰り返し眺めた。表から眺め、裏から眺め、表面を洗って汚れを落とし、いくつもの破片を並べて比べて、「なんでだろう？」と頭をひねる日々が続いた。

そしてあるとき、同僚の山崎真治さんが、割れた貝の断面に、何かをこすったように摩滅している部分があることに気づいた。顕微鏡で詳しく調べると、表面が摩滅しているだけでなく、よく見れば細かい線状の傷もたくさんついている。そう思って他の貝も見てみると、同じような形に割れたものがけっこうある。もしかして旧石器人は、貝殻を割って、何か道具を作っていたのではないか……と、そのとき初めて思い至った。

繰り返しになるが、人骨はあるのに石器が見つからないことが、沖縄の旧石器時代研究の大きな課題であった。何人もの研究者が石器をもとめて発掘を続けているのに、それらしきものがほとんど見つかっていない。先述のように、私たちは運よく、3点の石器をI層(1万4000年前)から発見できたが、より古いII層(2万～2万3000年前)からはいまだ、ひとつの石器も見つけていない。出てくるものといえば、カニやカワニナや海の貝ばかりだ。ヒトが暮らしていたのに、道具が何もないというのは、考えてみると不思議である。

しかし、道具が見つからなかったのは、石ばかりに注目していたからかもしれない。よく考えれば、旧石器人の使用した道具が石だけとは限らないのではないか。石ではなく、貝で道具を作っていたとすれば、どうだろう。貝の道具は石器より残りにくいだろうから、旧石器時代の道具があまり見つかっていなかった理由のひとつは、それかもしれない。

そう考えると、頭の中の霧が晴れたような心地である。そして同時に、やるべきことも明確になった。サキタリ洞の貝を詳細に調べ、他の道具がないかを徹底的に調べるのだ。発想

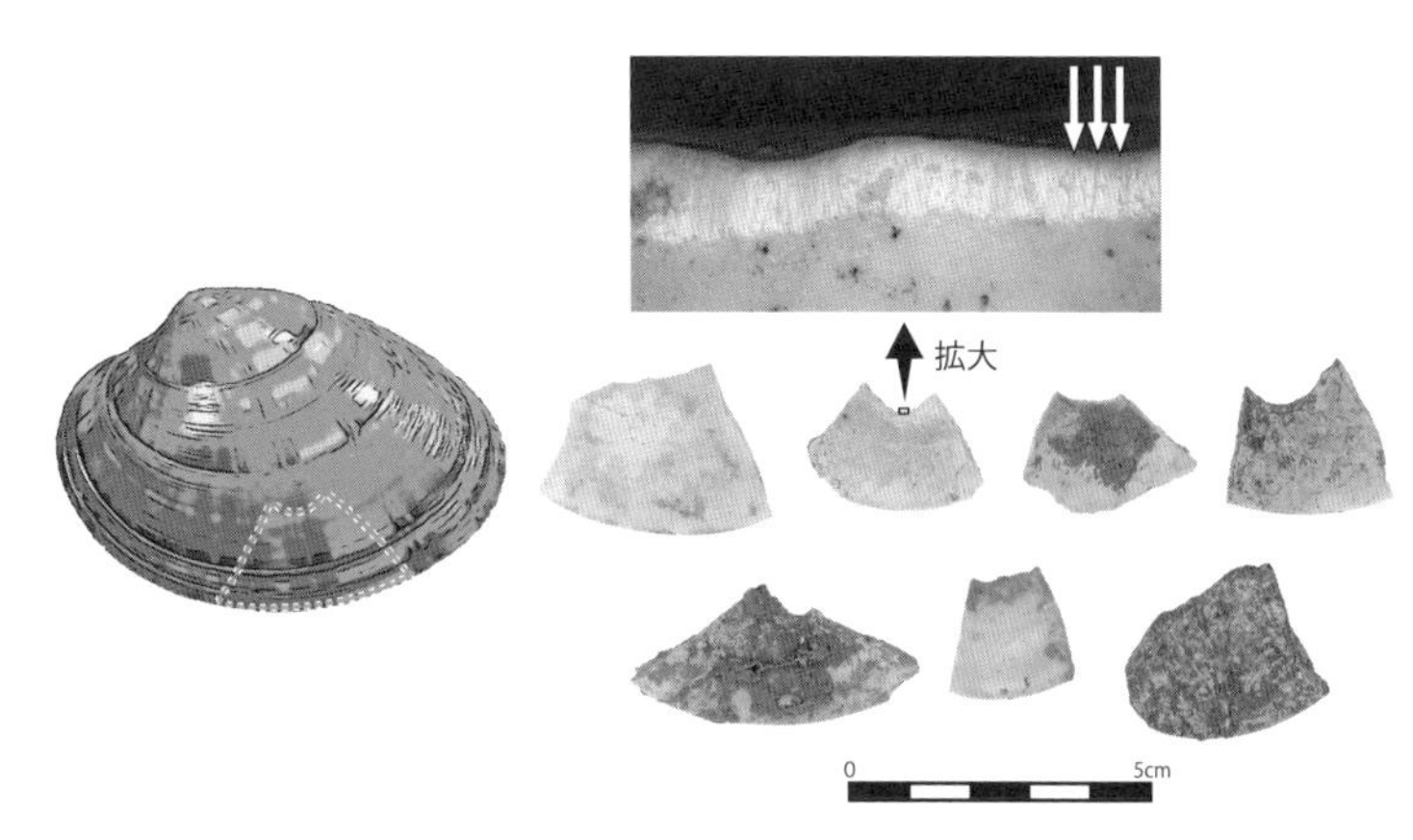

図14　マルスダレガイ科の二枚貝を左図の点線のように割って作った削り具(右7点)。上部のくぼんだ部分を拡大すると，木や竹を削った証拠となる細かい線状の傷がついていた(傷の一部を矢印で示している)。

を切り換えて観察を続けると、果たして、何種類もの道具を認識することができた。

もっとも多く見つかった貝器は、マルスダレガイ科の二枚貝を石で割り、半円形の刃部を丁寧に整えた削り具である。幅1〜2cmほどの凹んだ弧状の刃部には、細かく打ち割って丸く整えた痕跡があり、顕微鏡で見ると、そこに何かをこすったような細かい線状の傷が無数についている(図14)。

そこで、石器の使用痕分析に詳しい東京大学総合研究博物館(当時)の佐野勝宏さんに協力をお願いし、貝でいろいろな物を削るとどんな傷がつくのか実験していただいた。骨や木や竹を削るほかに、毛皮をなめしたり、植物の繊維をしごいたり、さまざまな実験を試みてもらった結果、サキタリ洞の貝器についていた傷は、木や竹を削ったときにできる傷ともっともよく似ていた。ということは、この貝器で、木や竹を削ったと推測できる。

幅1〜2cmの弧状の刃で木や竹を削ったら、何が作れるだろうか……。おそらく、細長い棒状のものだろう。その棒状の道具を、何に使おうか。先端を尖らせれば、たとえば銛（もり）や槍、矢などにも使えそうだ。木でできたものが2万年間も遺跡に残ることはめったにないが、こうして貝器を分析すると、サキタリ洞の旧石器人が、どうやら棒状の木製品を使っていたらしいと推測することもできる。発掘した遺物を注意深く観察して、旧石器人の暮らしを少しずつ解き明かしていくのは、なんとも心躍る作業である。

この道具のほかに、ムール貝に似たクジャクガイにも、小さな傷がついていた。こちらも、何かを削るかこそぎとるのに使ったようだが、残念ながら、それ以上の見当はついていない。はっきりしているのは、マルスダレガイの貝器とは大きさも形も、貝の厚さも、ついている傷もまったく異なることである。クジャクガイは、貝殻が薄く内側に真珠層が発達している。マルスダレガイよりは脆いので、もう少し繊細な作業か、柔らかい素材に用いたのだろう。

すなわち、これら2種の貝器は、異なる目的と用途で使われていたということだ。私たちは毎日、さまざまな用途でいろいろな道具を用いている。当たり前かもしれないが、旧石器人も同じように、いろいろな貝の道具を多様な目的に使っていたようである。

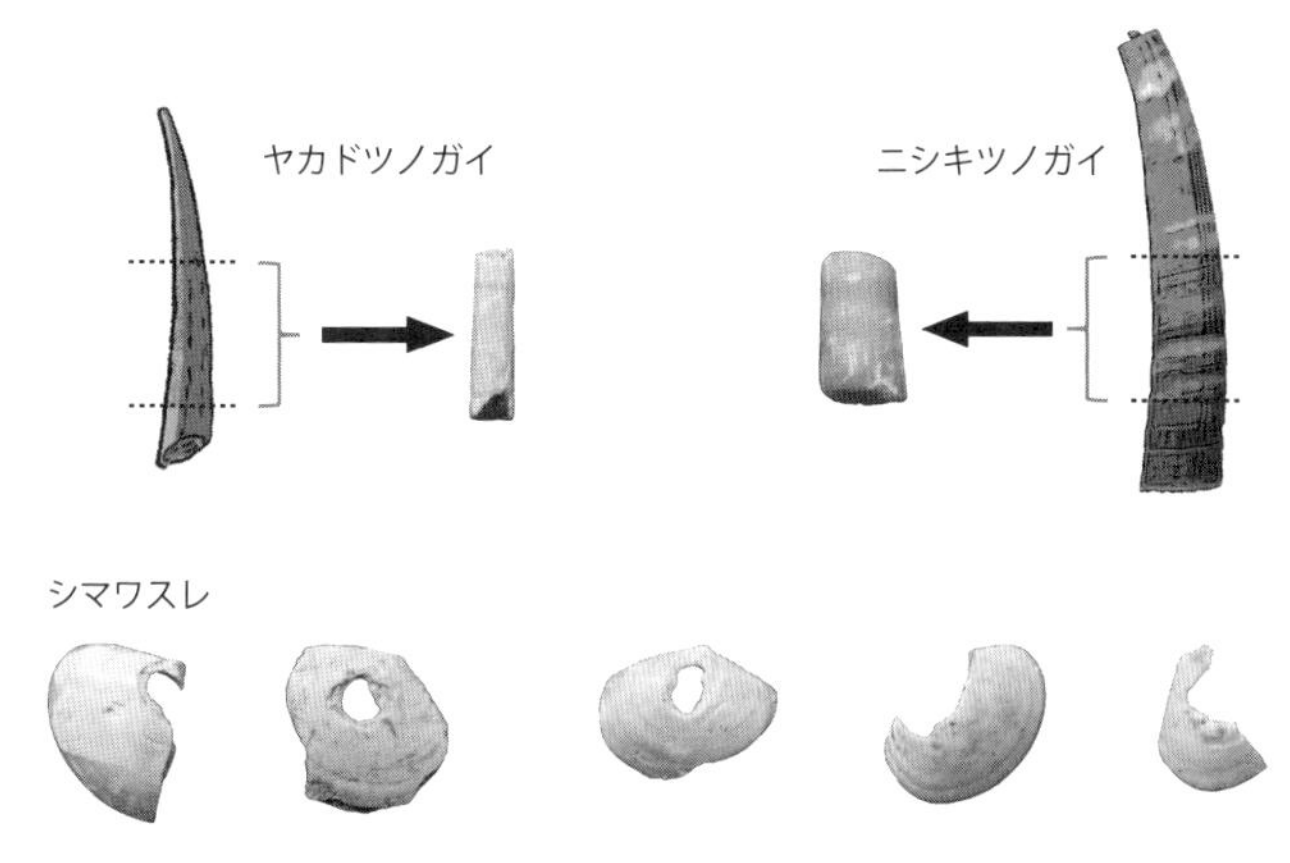

図15　2万～2万3000年前の貝ビーズ。左上はヤカドツノガイ，右上はニシキツノガイ，下5点はシマワスレでそれぞれ作られている。

旧石器人のビーズ

貝器の中からはさらに、実用的な道具だけでなく、装飾品とみられるものも見つかった。2種類の、小さなビーズである（図15）。

ひとつは、シマワスレという小さな二枚貝の殻頂付近に穴をあけたもの。薄い貝殻を細くとがったもので叩いたようで、穴の割れ口を観察すると、何度も打撃をあたえたような痕跡がある。シマワスレは幅2cmほどの小さな二枚貝で、現在は沖縄島には生息せず、種子島以北に分布している。この地層の年代は約2万～2万3000年前で、氷河期の最寒冷期にあたる。海水温も今よりずっと低かったはずで、現在とは貝の分布も違っていたのかもしれない。

それにしても、シマワスレの殻の薄いこと。

上手に穴をあけようとしても、力加減を間違えれば簡単にパキンと割れてしまいそうだ。そうならないよう、注意深く何度もたたいて穴をあけたのだろうか。こうした繊細な装飾品を作るのだから、沖縄の旧石器人は、相当に器用でおしゃれだったのだろう。

もう1種類は、細長いツノガイの仲間の貝殻を適当な長さに折り取って、端部を磨いて作ったものだ。赤紫色でやや大きいニシキツノガイと、白くて細長いヤカドツノガイが用いられている。これらの貝は、海の比較的深いところに生息し、素潜りで捕まえられるような種ではないらしい。とすれば、旧石器人たちは、生きた貝を捕まえたのではなく、海岸に打ち上がった貝殻の中から見つけ出したのかもしれない。そういえば、ニシキツノガイは少し色あせて、表面もやや摩滅している。長い間、炎天下の砂浜で日にさらされ、波に洗われるうちに、色あせて摩滅したのだろうか。ちょうど、観光客が砂浜で貝殻探しをするように、旧石器人たちも、美しい貝殻を探して砂浜を歩き回っていたと思うと、なんだか親近感を覚えてしまう。

そうして集めた貝殻でビーズを作り、連ねて首飾りや腕輪にしたのか、それとも衣服に縫いつけたのか。普段からおしゃれとして身につけたのか、何かの特別なときだけ身を飾ったのか……。まだまだわからないことが多く、知りたいことがたくさんある。個人的には、好きな女の子にプレゼントしていたらいいなと思うけれど、実際の使い方を知ることは、たぶん難しいだろう。

それでも、確かに言えるのは、旧石器人の作る貝器が、実用一辺倒ではなかったということである。彼らの精神世界を明らかにするのは難しいが、生活に必要な最低限以上の活動を行っていたことは、こうした小さなビーズの発見からもうかがい知ることができる。

旧石器人というと、なんとなく槍をもってゾウを狩猟するワイルドなイメージをもっていたが、どうやらそうではない一面もあったようだ。もちろん、ビーズで身を飾ったうえで、ワイルドに狩猟したってかまわない。それでも、貝製ビーズの存在は、旧石器人たちが、殻の薄い貝類を丁寧に加工する繊細さや、その身を飾る優美さをも持ち合わせていたことを、私たちに教えてくれた。

世界最古の釣り針発見！

さて、掘るたびに続々と出てくる貝の削り具やビーズに胸躍らせながら調査を続け、Ⅱ層の最下部にあたるⅡ-2層(2万3000年前の炭を豊富に含む黒っぽい地層)を竹串で掘っていた2012年8月21日のことである。粘土質の湿った堆積層の中から、これまでのものとはまた違う貝器が姿を現した。暗い灰色の堆積土に埋もれるその貝殻片は、ヘッドライトの明かりに照らされ、虹色に輝いていた。その輪郭は、見事なほど丸く弧を描いており、一部を見るだけで念入りに加工されたことは明らかだ。これほどハッキリと加工された貝器は、今までの調査では見つかっていない。少し興奮しながら観察すると、厚さ1～2㎜の円盤状で、中央には穴があいているようだ。ひょっとするとビーズだろうか……。

「これはもしや、かなり上等なビーズでは……」と逸る心を抑えつつ、全体の形が見えるように掘り出していくと、どうもビーズとは異なる形をしている。半円形の弧のような形で、一方の先端がとがっているのだ。「あれ？　尖っている……、何かに刺すのか……耳に刺してピアスにするとか……？」最初にビーズと思ったためか、装飾品という発想から抜け出せない。しかし、耳に刺すには太すぎるし、動いているうちに落ちてしまいそうだ。とすると、ピアスではないのか……。だとすれば、いったい何に使うのだろう……。

どうも用途はわからないが、ともかく人工品なのは間違いない。最初に興奮したわりにスッキリしない気持ちだが、きちんと記録をとって取り上げ、その日の調査を終えた。掘り出した遺物をまとめ、この不思議な貝器は壊れないように注意してタッパーに入れて、博物館へ車で戻った。その車中でのことである。同僚の山崎さんが、突然、「釣り針じゃないでしょうか」と言い出した。

私は愕然とし、言葉を失った。まったく頭の片隅にも思い浮かばなかったが、言われてみれば、見まごうことなき釣り針型をしている(図16)。日々、海の貝やカニのハサミを掘り続けながらも、そのときはまだ、旧石器人はシカやイノシシを獲ると私は思い込んでいたようだ。まったく思いもよらない発想だったが、そうか、釣り針か。しかし、まさか釣り針とは……！

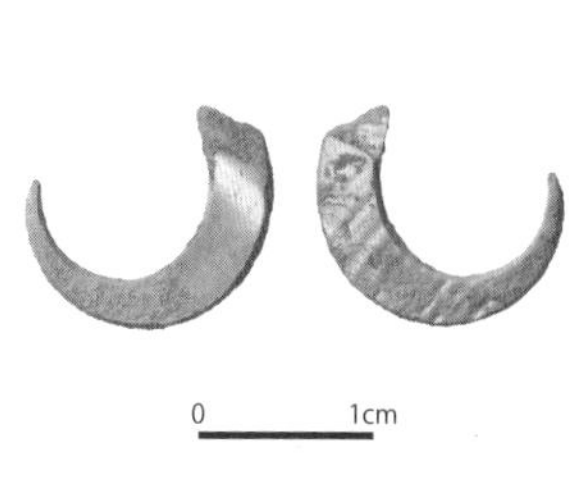

図16　Ⅱ-2層から釣り針が出土した瞬間(左)と，クリーニングした釣り針の裏表面(右)。

旧石器時代の釣り針といえば、私たちが発見した前年の2011年に、東ティモールで、世界最古となる1万6000〜2万3000年前の釣り針が発見されていた。サキタリ洞の不思議な貝製品が釣り針なら、こちらは確実に2万3000年前の地層から出土しているので、東ティモールのものと並んで世界最古ということになる。これは大変な発見だ。

釣り針は、ニシキウズ科に分類される円錐型の巻貝で作られていた。貝の分類が専門の黒住耐二さん(千葉県立中央博物館)に調べていただくと、加工されているので種を決めるのが難しいが、おそらくギンダカハマという貝だということだった。円錐型の巻貝は底部が平らになっていて、その底面を材料としたようだ(図17)。東ティモールの釣り針も、ニシキウズ科の貝を用いているようなので、興味深い類似である。「西太平洋沿岸域に広がる旧石器時代の釣り針文化」などと言えば、なんとも耳に心地よく響く。

図17　左から，ギンダカハマの現生標本（釣り針となる部分を矢印で示している），遺跡から出土した釣り針素材となる貝の底部破片，未完成の釣り針（削りかけの先端部），釣り針完成品。

同じ地層からは、小さな砂岩の破片も見つかった。長さ３cmほどの砂岩だが、やや細長く、一部の面は摩耗して平坦になっている。おそらく、釣り針を磨いた痕跡だろう。釣り針の側面にも、磨かれたときについたとおぼしき線条痕が見られる。砂岩は、道具にしてはずいぶん小さいが、釣り針自体が小さいのだから、それを作る道具が小さいとしても得心が行く。

雄樋川のサラサラとした流れに小鳥の歌声が混じる、うららかに晴れた日。サキタリ洞の入り口に旧石器人が腰掛けている。右手には小さな砂岩の砥石、左手には真珠層の輝くギンダカハマの平らなカケラをもち、鼻歌まじりにスリスリと貝を磨き続けている。その手元を、小さなぼうずが興味深げに覗き込んでいる。

ぼうず（**以下ぼ**）「なあ、おっとう、いったい何を作っているんじゃ？」

おっとう（**以下お**）「これはな、魚をとる道具じゃよ」

ぼ「こんなちっぽけなので、魚をどうやってとるんじゃ？」
お「この針をヒモにつけてな、先っちょにミミズやサワガニをつけて水に沈めるのさ。魚はミミズやカニが大好きだから、つい食いついてしまうと、この貝の針にひっかかるという仕組みさ」
ぼ「ふーん、よく考えたなあ……。おっとうは天才じゃ！」

いささか妄想じみた点はご容赦いただくとして、こうした釣り針製作プロセスは、その後の調査で見つかった、作りかけの釣り針や、割れたギンダカハマの底部のカケラからも確認できた。はじめに、円錐型のギンダカハマを逆さにし、底面を石でたたき割ってやる。その破片の中から、手ごろなサイズのものを選んで、砂岩の砥石で根気よく磨いていくのだろう（遺跡に残された破片は、手ごろでなかったものだろうか？）。

作りかけの釣り針は、先端がまだ丸っこく、磨かれた痕跡が完成品より目立っている。完成品よりやや大ぶりなこの釣り針が作りかけのまま放棄されたのは、砥石で磨く途中に折れてしまったためかもしれない。とはいえ、この貝はかなり強度があるはずだから、製作途中でぼうずが踏んづけてしまったのだろうか……。真相はわからないが、いずれにしても何らかの理由で折れて、製作を中断したものだ。一連の発見を丁寧につなぎあわせると、釣り針を作る旧石器人の姿を、ありありと思いうかべることができる。

釣ったはずの魚を探せ

それにしても、沖縄の旧石器人が釣り針を作っていたとは想像もしていなかった。しかし、論より証拠。どんなに予想外でも、釣り針が見つかったのだから、旧石器人は魚を釣っていたはずである。だが、釣り針型の不思議な貝器が、本当に釣り針であるのなら、魚の骨も見つからないとおかしい。はたして、魚の骨など、これまでの調査で見つかっていただろうか?

あわてて、博物館に保管していたサキタリ洞の遺物を見直してみると、なんと、まごうかたなき魚の骨があった。2009年に発掘した遺物の中に、ビニール袋に小分けにした2点の魚の骨が保管されていたのである。魚であることを認識して小分けにしたのは、私自身であるはずなのに、あろうことか、まったく記憶にない。

しかも、2点のうちの1点は、海にすむブダイの歯だった。特徴的な形をしているので、海の魚であることに、当時の私も気づいたはずである。海の魚が洞窟にあるのはなぜかと、不思議に思って袋に入れたのだと思うのだが……。

まったく恥じ入るばかりだが、2009年の段階では堆積層の年代もわからず、その重要性も認識できていなかったので、ゆるしてほしい。それでなくとも、魚の骨が2点出たというだけでは、どう評価してよいかわからない。何かの偶然で堆積層に混ざり込んだかもしれ

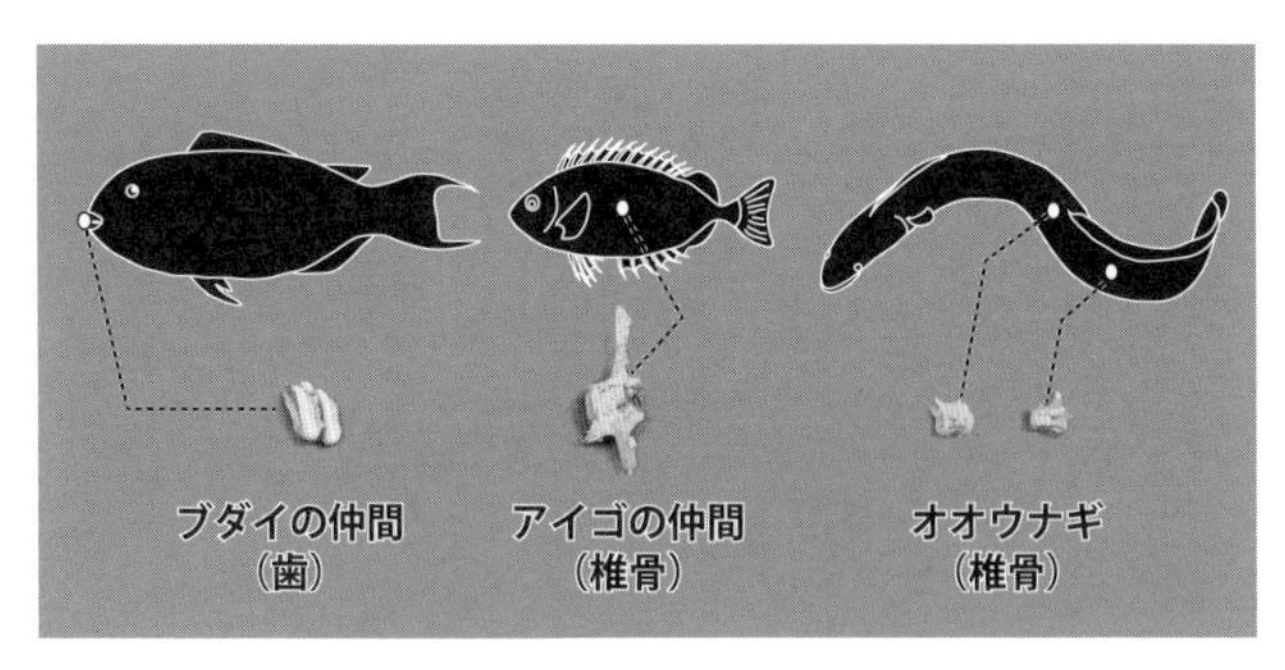

図18　旧石器人が食べた魚の骨。海の魚（ブダイとアイゴ）も川の魚（オオウナギ）も食べていたようだ。

ないし、ヒトが食べたとしても主要な食料とは言えないかもしれないので、あわてて過大評価しないほうがよい。

だが今や、事態は急変している。魚が出た堆積層の年代は2万3000年前であることが判明し、そのうえ世界最古の釣り針と一緒に出たとなれば、たった2点でも注目せざるを得ない。これらの骨は、釣り針型の貝器が、本当に釣り針として使われたことを補強する材料になるし、旧石器人が食べていた魚の種類を探るための大切な証拠ともなる。

堆積層を注意深く調べれば、もっと魚の骨が見つかるかもしれない。幸い、発掘した土はすべて層序を記録して保管している。それを全て見直せば、きっと魚骨が見つかるはずだと信じて、全ての土を水洗して0・5mmのフルイにかけ、小さな骨も1点のこらず取り上げ、さらにそれらを分類していく作業が始まった。とはいえ、言うは易く、行うは難し。100袋以上もある土を全て洗うだけでも、たいへんな労力である。当然、ひとりの力ではできるはずもなく、多くの方々に協力していただきながら、長い時間をかけて土を洗い、小さな骨を取り出し、目をショボショボさせ、肩こりに耐え、ため息をつきつつ、その骨を選り分けて行く作業を繰り返した。

だが、そうした努力の甲斐あって、たくさんの魚骨を見つけることができた。魚骨が専門の動物考古学者である菅原広史さんに調べてもらうと、いちばん多いのは川にすむウナギの仲間（おそらくオオウナギ）で、他にも海にすむブダイの仲間やアイゴの仲間、タイの仲間も少量ながら含まれていた（図18）。どうやらサキタリ洞の旧石器人は、主には川でオオウナギを釣り、時には海に出かけてブダイやアイゴなどを捕えていたようである。

魚の捕まえ方

さてしかし、これらの魚は、どれも釣り針で釣ったものだろうか。

釣り針は最大幅が14㎜と大ぶりなので、釣ったとすると、口の大きい魚に違いない。識別できた魚の中で、このサイズの針で釣れそうなのは、オオウナギだ。サキタリ洞のすぐ外を流れる雄樋川に今もオオウナギはたくさんいるから、そこで釣ったと考えるのが自然である。

沖縄で昔からよく行われるオオウナギの釣り方は、オオウナギのいそうな水路や川などに、夕方のうちに釣り糸をしかけておく、というものだ。翌朝になって見に行くと、夜行性のオオウナギが釣り糸にかかっているという寸法である。ただ、この方法だと、サキタリ洞から見つかった「かえし」のない釣り針では、口から外れやすく、効率が悪かったかもしれない。

するとサワガニを餌にして夜の川で釣り糸を垂れ、食欲旺盛なオオウナギがバクリと食いつくのを見計らって釣り上げたのだろうか。夜行性のオオウナギは、同じく夜行性のエビやカニが好物らしく、「カニクイ」の異名ももつ。月明かりのもと、水面に目をこらしてかすかなオオウナギの姿を捉えることができれば、針に食いつくのを見て一気に引き抜けるかもしれない。姿が見えなければ、暗闇で手にもつ糸に神経を集中し、コツコツとした当たりに続いてグイッと強い引きを感じた瞬間、思い切りよく糸を引けば、釣り上げられるだろう。ただし、岩の下にもぐられてしまうと、引き抜くのはやっかいだ。岩にこすれて糸が切れてしまうかもしれないし、てこずっている間に針がはずれてしまうかもしれない。手の感触を頼りに、ギリギリでタイミングを合わせるのが肝心だ。遺跡から出たオオウナギの椎骨サイズから推測すると、体長70 cmほどの個体らしく、オオウナギにしては小ぶりである。それでも、パワーのあるオオウナギを引き上げるなんて、旧石器人も大興奮のエキサイティングな釣りだったのではなかろうか。

あるいは、明るいうちに、ウナギが潜んでいる岩の隙間などを探るという方法もある。ねぐらにひそむオオウナギの目の前に、餌のついた針を垂らして軽く動かし、彼らの食指をくすぐってやると、活動が低下する昼間でも我慢しきれず食いつくことがある。かえしのない釣り針ははずれやすいが、日の光のもとなら食いつく瞬間をしっかり見て、相手が油断しているうちに一気に引き抜くこともできる。そうして川からあげてしまえば、その先は、針がはずれても問題ない。ヌルヌルと逃げ惑うウナギを捕まえるのは一苦労だが、彼らも水中ほどすばやく動けない。やがてウナギも疲れてくるので、エラに指をつっこんでグイッとつかんでやれば、いっちょうあがりである。

いずれかの方法でオオウナギを釣ったとして、海の魚はどのように捕まえたのだろう。今のところ見つかっている釣り針は、アイゴやブダイを釣るには大きすぎるから、もっと小さな釣り針を作って釣り上げた可能性を考えてもよいだろう。先述のようにサキタリ洞からは、完成品のほかに、未完成の釣り針の先端部も見つかっている。この未完成品は、完成品に比べると少しサイズが大きい。サキタリ洞の旧石器人がいろいろなサイズの釣り針を作っていたとすれば、その中に、より小さな釣り針もあったかもしれない。

あるいは、別の道具を使った可能性も考えられる。例えば、貝器で木を削って銛を作り、素潜りで突いたとか、弓矢のようなものを作って、水面から射たのかもしれない。先述のとおり、マルスダレガイの削り具では、棒状のものを作った可能性が高いので、銛や弓矢を使用した可能性は十分に考えられる。貝殻を集めに行って、ついでに魚を突いてもよいし、反対に、魚を突きに行くついでに貝殻を集めてもよい。お父さんとお兄ちゃんが魚を突く間に、お母さんと妹は海岸で、綺麗な貝殻を集めながら待っていたのかもしれない。

いずれにしても、川でも海でも、「魚を獲って食べる」ということが確かな習慣となって、彼らの生活に根づいていたようだ。

食べたもの、食べられなかったもの

さて、釣り針につられて、つい魚釣りの話を長々としてしまったが、実はサキタリ洞から見つかった魚の骨はせいぜい70点くらいである。少ない数ではないが、サキタリ洞の動物遺骸全体からみれば、ごくわずかである。

では、何がいちばん多かったかといえば、なんといってもモクズガニとカワニナだ(図19)。まだ発掘調査は続いているし、今まで掘った資料も全ての整理を終えたわけではないが、それでもすでに、どちらも1万点以上は出土している。最上部の1万3000年前の地層から、今のところ最下部にあたる3万5000年前の地層まで、どこを掘ってもずっと、カニとカワニナが豊富に出続ける。2009年の発掘開始時には、これほどたくさんのカニとカワニナが埋まっている意味がわからなかったが、事ここに至っては、ヒトが食べた可能性を考えなければなるまい。

カニやカワニナのほかにも、シカやイノシシ、ネズミ、鳥、ヘビやトカゲ、カエルなどの骨もあるし、カタツムリの殻もかなり多い。海の貝も相当数見つかったが、先述のとおり食用に適さない種が多く、しかも釣り針や削り具、ビーズに使われているところをみれば、貝殻は道具の素材として拾い集めたものと考えるほうがよさそうだ。貝は道具の素材であると

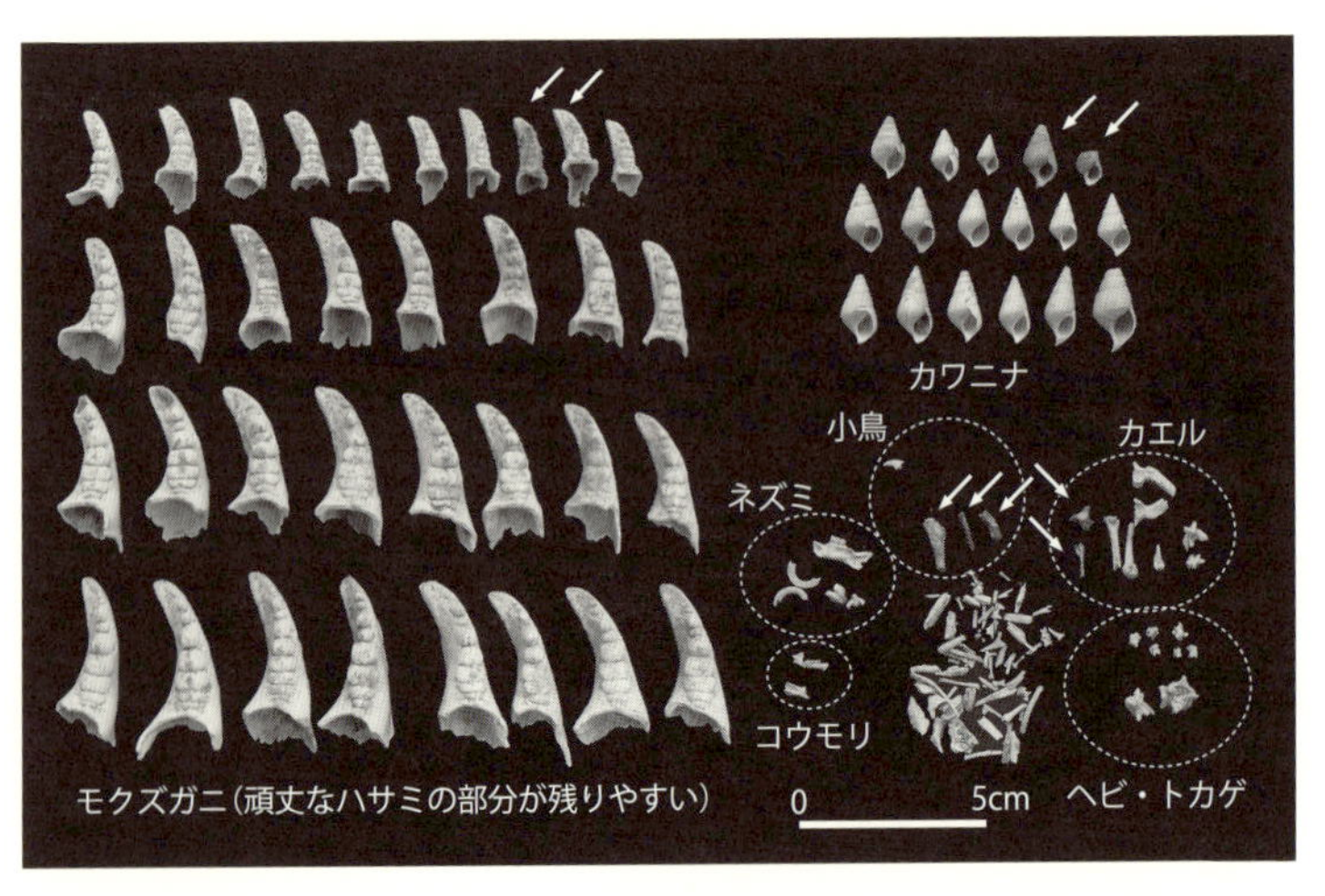

図 19　サキタリ洞から見つかる小動物遺骸。矢印は焼け焦げて黒っぽく変色している。

しても、その他の小動物たちは食べられたものと考えて間違いないだろうか？

小動物の中には、体長10 cmくらいのトカゲや、体長5～15 cmほどのカエルなどが含まれている。こんな小さなトカゲやカエルは、普通に考えれば食料とは思えない。だが、旧石器時代の食糧事情を私たちはまったく知らないので、ここはひとつ、先入観を捨てて考えてみることにしよう。

まずは、もっとも多いモクズガニとカワニナから考えてみよう。これらは淡水棲の動物だから、もともとは洞窟のすぐ外を流れる雄樋川に生息していたものだろう。しかし、基本的に水から上がって陸上を歩き回ることはない。まったくあり得ないわけではないが、何千、何万というカニやカワニナがぞろぞろと洞窟に入ってくる現象は、ちょっと想像できない。

では、川辺に落ちていた自然の遺骸が、洞窟にたまる可能性はあるだろうか。カニやカワニナの殻は、軽くて水に流されやすい。

とはいえ、現在の河床は、洞窟の入り口より7ｍも下にあるから、大雨などで川の水が増水したとしても、洞窟の入り口まであふれ出すことはない。もっとも、川の流れが2万年の間に川底を削っていったと考えれば、旧石器人が暮らしていたころには、河床が今より高かった可能性もある。それにしても、そうしたイベントでカニやカワニナの死骸が運ばれるなら、同じように川にすむ小型のカニ類の殻ももっと含まれてよさそうだ。ところが、サキタリ洞の堆積には、小型のカニはごくわずかしか含まれていないので、自然の堆積プロセスは想像しにくい。

そして、それ以上に注目すべきこととして、モクズガニとカワニナの殻は、いずれの層序でも3～5％の割合で黒く焼け焦げているのである。

もちろん、私たちが想像もしていない自然のメカニズムでモクズガニとカワニナの殻が洞口付近に集まり、山火事などのイベントで一部が焦げたという可能性を、完全に否定することは難しい。しかし、やはりたくさんあるカタツムリ類には、焼けた個体が見あたらない。カタツムリの殻は、洞口周辺に今もたくさん落ちているので、自然のメカニズムで集まったカニやカワニナが焼けるなら、カタツムリも焼け焦げなければおかしい。そうならずに、モクズガニとカワニナが焼け、カタツムリは焼けないことをうまく説明できる仮説としては、モクズガニやカワニナはヒトが調理して食べた物で、カタツムリは食用でない自然の遺骸、というものくらいしか思い浮かばない。

同じ考え方で、サキタリ洞の動物遺骸を眺めてみると、ネズミ、鳥、ヘビやトカゲ、カエルなども、やはり3~5%は焼け焦げている。現代に生きる私たちの感覚では、あまり美味しそうとは思えないが、こうして順序だてて考えていくと、ネズミやヘビ、カエルといった小動物たちも、旧石器人たちは食べていたと結論せざるを得ない。

カワニナを食べるのに、どうしてカタツムリを食べないのかと聞かれると困ってしまうが、食文化というのは、たぶんそういうものだ。現代の日本ではカタツムリを食べる習慣はほとんどないが、「どうして食べないのですか?」と聞かれれば、誰しも答えに困ることだろう。だが、カタツムリを食用とする地域も、世界を見渡せばちゃんとある。私たちが美味しいと思うものを、旧石器人は気持ち悪いと感じたかもしれないし、逆もまた然りだ。旧石器人の食習慣、食文化を知りたければ、先入観を取り払って遺跡の証拠から探る以外に方法はない。それは、かなり意識を強くもたないと難しいものである。

どうして焼けるのか

ところで、「焼けている=食べた、焼けていない=食べなかった」と簡単に説明してしまったが、本当にその説明でよいだろうか。というのも、考えてみると魚やカニを調理したからといって、骨や殻はそう簡単に焼けないはずなのである。

例えば、私たちはカニをボイルして食べる。香り立つ、ゆでたてのカニにむしゃぶりつくと、「ああ、日本人に生まれてよかった！」と思う。あと人生に必要なのは、キリッと冷えたビールだけである。想像するだけで気もそぞろになるが、気を確かにもって手元のカニをよく見てみよう。甲羅もハサミも、どこにも焦げ目などない。ボイルして食べるなら、カニの殻は焼け焦げたりしないのだ。カワニナを食べた経験は、私にはないが、同じ貝類であるアサリやシジミの味噌汁を思い出せば、やっぱり焼けた殻など見当たらない。

それでは直接、火を加えるとどうだろう。つぼ焼きにしてサザエを召し上がる機会があったら、ぜひ食べ終えた殻を観察してみてほしい。おそらく、どこにも焦げ目がないはずだ。もっとも、表面に付着した海藻などが一部焼けて黒くなることはあるかもしれないが、これは遺跡に2万年も埋まっていれば分解されてしまう。すると残された殻には、焼け焦げた痕などまるで残らない。カニやカワニナは、直接火にくべれば多少は焼け焦げることもあるが、それでも全体が真っ黒になるまで焼いたら、いくらなんでも焼きすぎである。焼き魚も、ヒレの先は焦げているが、背骨が焦げるまで焼いたら、食べるべき身などどこにも残らない。

つまり、骨や殻が焼け焦げるというのは、普通の調理では起こりえないことなのだ。では、遺跡から見つかる動物の骨や殻は、どうして焼けているのだろう。旧石器時代の調理法は、現代とは違うかもしれないが、残念ながら当時の調理法を知ることができるような証拠は、サキタリ洞からは見つかっていない。そこで、一般的に、旧石器人にも可能だったと考えられている調理方法を検討してみよう。石蒸（いしむし）とストーンボイリングである。

石蒸とは、並べた石の上で焚き火をし、石が熱くなったら火を消して、その石の上に葉にくるんだ食材を置いて蒸し焼きにする調理法だ。アースオーブンとよばれることもあり、アメリカ先住民やポリネシアの人々が行っていたらしい。日本の旧石器時代の遺跡でも、こうした調理の跡とおぼしき、焼けた石の集積が発掘されている。

よろしい、丸々と太ったオオウナギを、この方法で調理するところをイメージしてみよう。じりじりと蒸しあがるのを待ち、満を持して覆っていた葉をどかせば、熱く香り立つ湯気がモウモウと立ち上る。テカテカと輝くふやけた皮を丁寧にはぎとると、脂ののった美しい白身が姿を現す。そいつを貝殻ですくいとり、ためらうことなくパクッと口に入れる。やや歯ごたえのある身をかみしめるたびに、うまみが口いっぱいに広がる。満ち足りた幸福感で、今日も地球が回っていることに感謝したくなったところで、食べ終えた骨を見てみよう。別にどこにも、焦げ目など見当たらないだろう。

もちろん、旧石器人がオオウナギをかように食べたと主張しているわけではない。仮に、旧石器人が料理をした場合に、食材が焼け焦げる可能性があるかどうかを考えているのだ。少しばかり想像が先走っていると感じても、どうかご容赦いただきたい。

もうひとつの調理法であるストーンボイリングとは、皮袋などの容器の中に食材を入れ、そこに熱々の石をボチョンと入れる、という方法だ。石の熱でグツグツと具材を煮込み、スープやシチューを作る。アメリカ先住民は、バッファローの胃を皮袋に加工し、この方法でシチューを作ったという。

皮袋でなくとも、水の漏れない容器があればよい。たとえば日本では、新潟県の離島のひとつ粟島(あわしま)に、「わっぱ煮」という郷土料理がある。「わっぱ」というのは竹を曲げて輪っか状にし、底に板を取りつけた器だ。獲れたて新鮮な旬の魚をぶつ切りにして焼き、わっぱに放り込む。お湯をそそいでネギを加え、アツアツの焼けた石をボチョンと入れる。ジュワッと水がはじけて泡立ち、グツグツと煮えてきたら、すかさず味噌を投入しよう。ひと煮立ちさせれば出来上がり。石はまだ熱いから、うっかり火傷をしないよう、お気をつけて召し上がれ。魚の香ばしさが味噌とよく合い、ほのかに焼石が香るのも、また格別に食欲をそそる。

サキタリ洞の旧石器人がストーンボイリングを行った保証はないが、何らかの水の漏れない容器を持っていれば、実現可能な調理法である。適量の水に、雄樋川の清流が育んだ肥えたカワニナをたっぷりと入れれば、澄んだ味わいの良い出汁が出るだろう。ブツ切りにしたヘビや丸ごとのトカゲを放り込んでも、意外とクセはなく、さっぱりといただける。小動物は小骨が多いわりに肉は少ないが、炉辺で輪になって皆でしゃぶれば、会話もはずんで楽しい食事のはじまりだ。こんな食事の風景があったかどうか知らないが、この調理法でもやはり、カワニナの殻もヘビやトカゲの骨も焦げたりはしない。

あるいはもっとワイルドに、焚き火の炭に食材を直接入れてしまおうか。オーストラリア先住民は、こうしてエミューやワラビーなどの大型動物を調理するという。日本でも、囲炉裏端に串刺しにした川魚を並べて焼く方法が古来よりある。焼き鳥やウナギの蒲焼も、なんといっても炭火がうまい。

よしよし、それなら獲れたて新鮮なイラブチャーとアイゴを棒に刺し、いっちょう焚き火にかざしてみよう。炭火に落ちた魚の脂がジュワッと焼けて、香ばしい煙があたりにただよう。すぐにも食べたいところだが、ぐっと我慢してよく焼こう。皮に軽く焦げ目がつき、ヒレの先が焼け焦げるくらいが食べごろだ(現代だとヒレが焼け焦げないよう塩を多めにつけておくが、旧石器人が塩を使っていたかどうかはわからない)。もう、我慢できない。棒をもって、そのままかぶりついてしまおう。新鮮な魚の身はやわらかく、噛むたびにほのかな磯の香が鼻に抜ける。

おっとう「そら、焼けたぞ、この一番大きいイラブチャーを食ってみるか?」

ぼうず「え!　いいの!?　やったー!!」

優しいおっとうの思いやりに、ぼうずも大喜びだ。そんな微笑ましい会話は妄想としても、ともかくやっぱり骨は焼けない。

思いつく限りの調理法をどれだけ検討してみても、どれもこれも美味しく、楽しく、旧石器人も、あんがい上等な食事を楽しんでいたんじゃないかと思えてならない。そして、どうしたって骨までは焼けないし、殻も黒く焦げたりしない。

調理で骨や殻が焼け焦げないなら、食べ終わった後に焦がすしかない。例えば、焚き火の周りで食べながら、骨や殻を焚き火の周りに捨ててみよう。火のそばに落ちたものは、熱を受けて焼け焦げる。火の中に入れれば焼けて炭になり、遺跡には残らない。反対に火から遠い場所に落ちれば焼け焦げはしない。ちょうどいい場所に落ちるのが数パーセント。実験したわけではないが、なんだか悪くない数字だ。というわけで、骨や殻が焼けているのは、食べながら火の周囲にポイポイと捨てるのが原因だというのが、私たちの仮説である。

きれい好きな旧石器人?

では、数ある動物たちの中で、カタツムリの殻が焼けていないのはなぜか、ということを次に考えてみよう。

現在のサキタリ洞で、入り口や洞内を見渡すと、カタツムリの殻はけっこう落ちている。周辺にいるカタツムリの死骸が、自然に洞窟に集まってくるのだ。カタツムリは、洞窟の周辺に生い茂る木々の幹や葉のうら、地面に積もった落ち葉の下などにいくらでも暮らしている。生きていれば、いつか必ず死ぬ。カタツムリが死ぬと、やがて肉体は朽ち果て、比較的頑丈な殻だけが残される。殻は軽く丸っこいので、風にとばされ、雨水に流され、坂道をころころと転がり落ちる。川へ流れるものもあるし、降り積もる落ち葉の下に隠され、やがて土に埋まるものもある。そのうちに、風化して壊れてなくなるものもある。別のいくつかは、洞窟へと転がってくる。

洞窟の入り口付近は風雨の影響を受けにくいため、洞窟にたどりついた殻は、そこから別の場所へと移動することなく、溜まっていく。これが洞窟の中や入り口に、カタツムリの殻が集まる自然のプロセスだ。このプロセスは旧石器時代でも変わらなかったはずで、サキタリ洞の堆積物にカタツムリの殻がたくさん含まれることは、何よりの証拠だ。

それなら、洞窟の入り口で旧石器人が焚き火をすれば、カタツムリの殻も少しくらいは焼け焦げそうなものである。それなのに焼けていないのは、どうしてなのだろう。

もしかすると、焚き火をする前に周辺を掃除したのではないだろうか。ちょっと掃除をしてから食事をすれば、もともと落ちているカタツムリは焼けず、食べ終えた動物の骨やカニの殻は焼けることをうまく説明できる。

「掃除するのに、ゴミはその辺に捨てるの?」とツッコまれると言葉につまる。でも、今のところ他に説明も思いつかないので、「まあまあきれい好きだった仮説」とでもよぶことにしよう。そんな仮説は、都合がよすぎるだろうか。

いずれにせよ、サキタリ洞の旧石器人の暮らしは、発掘調査でずいぶん想像できるようになった。だが、まだまだわからないことがたくさんあるし、調べるたび、考えるたびに新たな謎もうまれてくる。そうした謎をひとつひとつ考えた末に、私たちは、旧石器人の暮らしを本当に知ることができるのである。

夜の川沿いの動物たち

さて、続いて考えてみたいのは、調理と食事の場面から時間を少し遡って、動物たちを捕まえるシーンである。エキサイティングなウナギ釣りはすでに想像できたが、カニやカワニナ、それにトカゲやヘビなどの小動物は、どのようにして捕まえたのだろうか。旧石器時代の沖縄島南部は、今よりずっと自然が豊かであったはずだが、動物たちはどこにでもたくさんいるように見えて、いざ捕まえようとすると思いのほか難しかっただろう。まして、日々の空腹を満たすほどに捕えるとなれば、動物たちのすみかや暮らしぶりをよく知って、効率的に捕獲しなければならなかったはずだ。

そういう発想でサキタリ洞の動物遺骸を眺めてみると、水辺の、夜行性の動物が多いことに気づく。

いちばん多いモクズガニは、昼間は川底の岩の下や巣穴にもぐっていて、ほとんど姿を見ることがない（図20）。だが、夜になるとそうした場所からゴソゴソと這い出してくる。そう

図20　モクズガニは，昼間は川底の岩の下などに潜んでいる。

して、岩に生えた水草などをハサミで削り取って食べたり、川底で眠っている小魚を捕食したりと、活発に動き回る。モクズガニと並んで多いカワニナも、やはり夕方から夜に活発に岩の上を動き回り、水草を食んでいる。彼らを捕まえるなら、やはり夜がいいだろう。

続いて川辺の岩や草むらに目をうつせば、大小のカエルがにぎやかに合唱し、そのカエルを狙ってハブが音もなく忍び寄る。ハブ以外のヘビには昼行性のものも夜行性のものもいるので、サキタリ洞のヘビ骨にどんな種類が含まれているか、これから詳しい分析をする必要がある。しかし、ハブの牙は出ているから、夜行性のハブが含まれていることは確かである。トカゲの仲間も詳しい分析はこれからだが、少なくともキノボリトカゲとトカゲモドキは混ざっている。トカゲモドキは、昼間は洞窟や岩の隙間の暗がりに潜み、夜になると岩場や草陰のそこかしこに姿を見せる。キノボリトカゲは昼行性だが、こちらの気配を感じるとすぐ高い木の上に逃げてしまうので、明るいうちに捕まえるのは難しい。ところが、夜になると木の葉の上や枝の上で眠っているので、手の届く高さにいる個体を見つけられれば、静かに近寄って捕まえることは造作もない。小鳥類も同様で、昼間はかすかな足音にも敏感に反応して飛び立ってしまうが、枝の上で眠っているときははるかに捕まえやすい。

もっとも、動物たちの昼行性、夜行性は、捕食者や獲物の活動時間帯に合わせて変化するという話もあるから、カニやカワニナが2万年前も夜行性だったかどうかはわからない。だが、とりあえずここでは現代の動物たちの活動パターンと同じと仮定しておこう。すると、サキタリ洞の動物遺骸には、川沿いや、それに近い岩場や森林に生息する、夜行性の動物が圧倒的に多いことに気づく。

だが、それも当然かもしれない。出土量の最も多い、すなわち主要な食料源であったと考えられるモクズガニが夜行性なのだから、それを捕まえるなら夜の川に赴くのが一番よい。もちろん、昼間、岩陰に潜むモクズガニを、現代のザリガニ釣りの要領でおびき出して捕まえることもできる。ただ、そうした方法だと、大型個体ばかりを狙うことはなかなか難しいし、捕獲効率も悪い。大物を効率的に捕えたければ、やっぱり夜の川に行くのが一番だろう。

というわけで、夜の川でカニを捕獲することを想像しよう。カゴ罠をしかけてもよいし、たいまつ片手に手づかみで捕まえるのも難しくない。実際に40年ほど前まで、サキタリ洞近辺の集落に住む人々は、秋になると夜の雄樋川でモクズガニ獲りをしていた。サキタリ洞周辺の郷土の文化を記録した『玉城村前川誌（たまぐすくそんまえかわし）』には、たいまつ片手に手づかみで、一晩で麻袋いっぱいのカニを獲る者もいたことが書かれている。

おそらく、旧石器人も同じように、夜の川でカニを捕えたのだろう。2万年前も40年前も、人々が同じ場所で、同じようにカニを捕まえていたというのは、なんともロマンあふれる話である。両者でちょっと違うのは、旧石器人のほうは、どうやらカニを獲るついでに、周辺にいるカエルやヘビ、ネズミなども、目につくそばから捕えていたらしいことだ。

おそらく動物の生息密度も、旧石器時代のほうがうんと高かったことだろう。1〜2時間も川縁で過ごせば、今晩と明日の朝食べるくらいのカニがたっぷりと獲れたのではないだろうか。それ以上つかまえたって保存しておくこともできないから、今日の狩猟はおしまいだ。さて、家に帰って一休みしたいところだが、街灯も舗装路もない旧石器時代、月明かりを頼りに夜道を遠くまで歩いて帰るのは大変だ。折良く、川縁に大きく快適な洞窟があれば、そこを一時のすみかとしたくなる気持ちは、手に取るようによくわかる。そうしたわけで、旧石器人たちは、サキタリ洞を生活の場として利用したのだろう。

ヘビやトカゲも食べた!?

ところで、カタツムリは食べなかったとしても、小鳥やヘビやトカゲ、カエルなどは本当に食べたのだろうか。

先ほど、どの動物の骨も焼け焦げていることを、食べたことの根拠として挙げた。焼け焦げている割合は3〜5%だが、カニやカワニナも同じ程度なので、一方を食べたとするなら、他方も食べたとしなければ説明に一貫性がない。

そうは言っても、ヘビやトカゲを食べるのには、現代に生きる私たちは、なんとなく抵抗を感じてしまう。そこで念のため、別の可能性がないかどうか、考えてみよう。

例えば、洞窟の入り口あたりにタカの仲間やフクロウの仲間など、トカゲやネズミを捕える鳥がねぐらをとっているとする。彼らは、小動物を丸飲みし、消化できない骨や毛をまとめて吐き出すので、彼らのねぐらや巣の下には、たくさんの動物の骨が集まることになる。サシバやノスリなどの猛禽類はヘビを捕食することもあるから(現在は沖縄にノスリはいないが、宮古島のピンザアブ遺跡では2万9000年前の化石が見つかっている)、そうした鳥たちが入り口付近に営巣したり、ねぐらをとったりしていれば、その下に小動物の骨が集まることはありうる。トカゲやカエルを専門に食べるなら、チョウゲンボウやサシバなどの猛禽類が考えられるし、小型のカエルなら、アカショウビンという夏鳥も捕食する。小鳥は、小型のタカであるツミが捕まえるとよい。

魚の骨はどうだろう。オオワシやミサゴ、サギの仲間など、魚食専門の鳥類がいる。だが、こうした鳥たちが捕食するのは、水面近くを泳ぐ魚だ。ブダイやアイゴはもっと深いところを泳ぐので、これらの骨を鳥たちの仕業と考えることは難しい。ましてや、夜行性のオオウナギを捕えることは、ありえないだろう。

かように考えれば、別の動物の仕業で説明できる動物の骨もあれば、そうでないものもある。だが、旧石器人が焚き火を囲んで、モクズガニに舌鼓をうつ洞窟の入り口の近くに、わざわざフクロウやミサゴ、サシバにチョウゲンボウといった鳥たちが、一斉にねぐらをとるだろうか。もちろん、旧石器時代は鳥類も警戒心が弱かったかもしれないから、ありえないと証明することは難しい。けれども、現代の感覚からすると、あまりに楽園すぎるきらいがある。

それよりも、ヒトが捕食することを想定するほうが、ありえそうに私には思える。大型のモクズガニとカワニナばかりをモリモリ食べる野生動物は旧石器時代の沖縄にはいないし、ヒト以外に火を使う動物もいない。するとと、やはりカニとカワニナはヒトが食べたと考えるしかない。それならば、同じように焼けている小動物の骨も、ヒトの食べ残しと考えるほうが、仮説の数が少なくてすむ。仮説はシンプルなほど好ましいという科学の原則にのっとって、やはりヒトが小動物をも食べたと考えるほうがよいと、私たちは考えている。

小動物のある食卓

私たちは、普段、トカゲやカエルを食べない。そんなものを食べたと聞けば、抵抗を感じる方も少なくないだろう。だが、私は東南アジアで茹でたヘビに魚醤のような調味料をつけて食べたことがあるが、クセのない肉で、なかなか美味しいと感じた。小骨が多いので食べるのには苦労するが、おしゃべりしながら食べるには、悪くない食材である。カエルの唐揚も注文したことがあるが、ちょうど魚風味のやわらかいササミのようで、やはり美味しくいただけた。トカゲを食べたことはないが、日本のレストランでワニなら食べたことがある。鶏肉とは少々香りが違うけれど、サッパリとしたやわらかい肉質で、実にうまい。こうした体験を思い出すにつけ、旧石器人がトカゲやカエルを見たときに「うまそうだなあ！」と思ったとしても、何の不思議もない。

そうは言っても、サキタリ洞の小動物には、ずいぶん小さなものが多い。もちろん、1匹食べれば満足できそうなサイズのヘビや、体長10 cmを超えるだろう大型のカエル、ヤンバルクイナや大型のケナガネズミなど、まあまあ食いでのありそうな獲物も含まれている。だがその一方で、体長5 cmほどのジネズミや、体長5 cmに満たない小さなカエル、10 cmほどと思われるキノボリトカゲなどの骨もたくさん出てくる。こんな小さなカエルやトカゲを食べたところで、果たして腹の足しになるだろうか……。

だが、ここで再び自分たちの食生活を振り返ってみれば、私たちとて、小さな動物たちをたくさん食べている。小さなイワシの稚魚をさっと釜揚げにしていただくし、シロウオをまとめてパクリと踊り食い、桜エビをお好み焼きに混ぜて香ばしさを楽しみ、シジミの味噌汁や佃煮を味わっている。我が家の食卓を思い浮かべれば、「小さい」ということが少しも食べない理由にはならないことに、すぐに気がつくことだろう。

こうしてどこまで考えても、ネズミやトカゲやヘビやカエルを旧石器人が食べてはいけない理由は、いっこうに見つからない。そこで、勇気を出して食べることに心を決め、今度は逆に、味を楽しむことを考えてみよう。旧石器人だって、どうせなら美味しいものを食べたかったに違いない。そこで、サキタリ洞の調査でわかった食材を、楽しむ方向で想像してみるのだ。

　カニとカワニナは、いつでも十分な量を確保できる。モクズガニは、現代でも秋の味覚として日本各地で楽しまれている。たっぷりと詰まった濃厚なミソの味といえば、思い出すだけでも顎の下からギュッと唾液が溢れてくる。

　だが、いくらカニが美味しいといっても、ずっと食べ続ければ、飽きることもあるだろう。そんなときに、少量でもネズミやカエル、トカゲなどの味を楽しめたら、これはなかなか悪くない。蒸したモクズガニをメインに、カワニナのスープ、それに今日は、こんがり焼いたキノボリトカゲと、蒸したアオガエルを添えよう。明日は、カニとカワニナに加えて、ネズミの丸焼きだ。明後日は、カニとカワニナに、ヤンバルクイナはいかがでしょうか。さらに次の日には、オオウナギが釣れたからカニはほどほどに、オオウナギを満足するまで味わおう。さらに次の日は、天気がよければ海に魚を獲りに行こう。ごく稀にはイノシシや、絶滅前にはリュウキュウジカやリュウキュウムカシキョンを味わうこともできたはずだ。

　これらの他にも、遺跡に残らない資源があったに違いない。とはいえ、サキタリ洞に残される動物遺骸だけから考えても、けっこう毎日の食事を楽しめそうだ。何より、安定してモクズガニとカワニナが獲れるなら、食うに困る心配がなくて安心だ。それに加えて、ヘビやトカゲやネズミや小鳥も捕えれば、日々、飽きることなく多様な味覚を楽しめる。サキタリ洞で動物の骨を毎日眺めながら、私はそういう結論に至ったが、皆さんはどう思うだろうか？

コラム　魚介類を味わう人々

サキタリ洞で、世界最古の釣り針や、旧石器人が食べていたらしい魚の骨が見つかったことを書いてきた。世界を見渡すと、魚釣りや魚食の証拠はどのように出てくるだろう。

最初期の人類祖先は、チンパンジーなどと同じように果物や木の葉などを食べていたが、原人段階になると石器や火を使うようになり、肉食を多くするようになった。このころから、一部の原人は魚の味も覚えたようだ。ケニアでは、約195万年前のアフリカオオナマズの骨が、カメやワニ、カバなどの骨とともに見つかっている。また、インドネシアでも50万〜40万年前には海の貝が出土した遺跡があるので、アジアの原人も魚介類を食べることはあったようだ。とはいえ、原人の魚介類食は限定的で、旧人になっても、沿岸部に暮らしたネアンデルタール人の一部が貝類を食したに過ぎないようだ。

ところが、ホモ・サピエンス、つまりヒトになると、急に魚食の証拠が多様化し、さまざまな漁具も出てくるようになる。コンゴのカタンダ遺跡からは、9万年前の「かえし」のついた骨製の槍先と、アフリカオオナマズの骨が発見されているし、南アフリカのブロンボス洞窟でも、約7万5000年前の骨製槍先とともに、タイやスズキの仲間などの骨が見つかっている。

やがて、ヒトが世界各地に分布を広げると、アフリカ、ユーラシア、オーストラリア、アメリカなど各地で、盛んに魚介類食の証拠が見つかるようになる。中でも、サキタリ洞とならんで世界最古の釣り針が出土した東ティモールのジェリマライ遺跡では、なんと4万年前から、人々がカツオやマグロなどの外洋性魚類を食べていた証拠が出たというから驚きである。

人類進化の中で、急激に世界進出を果たした私たちヒトは、魚介類食を味わう、という点においても開拓者だったのである。そうした、さまざまな環境、いろいろな食物を試す好奇心が、ひょっとするとヒトを世界に移住させた原動力だったのかもしれない。

4 違いのわかる旧石器人

――「旬」の食材を召し上がれ

サキタリ洞の旧石器人たちは、シカやイノシシを捕えていたに決まっているという私たちの思い込みを見事に裏切り、モクズガニやカワニナに、魚やヘビ、カエルなどを組み合わせて食していたようだ。

しかしそんな話をすると、「他に食べるものがないから、仕方なくカニばかりを食べていたんでしょう」とおっしゃる方もいる。だが私は、彼らがカニの味を楽しんでいたと確信している。なぜそんな考えに至ったのか、旧石器人の味覚に、もう少し科学的に迫ってみよう。

食べるべきイノシシは山ほどいる

まず、前提として大切なのは、2万年前の沖縄島南部には、モクズガニの他にも食べるべき動物はいたということだ。

その筆頭が、イノシシだ。サキタリ洞からの出土は少数だが、1・5㎞ほど離れた港川遺跡の2万年前の地層からは、イノシシの骨が山ほど発掘されている。ヒトが食べたものか自然に集まったものか、いまだ結論は出ていないが、ともかく多くの骨が出土しているのだから、当時の沖縄島南部にイノシシがたくさん生息していたのは間違いない。そうした環境で、旧石器人が食うに困ってカニを食べるというのなら、どうしてイノシシを食べないのだろう。

狩猟がへたくそで、イノシシを捕まえられなかったか、あるいは、鏃(やじり)や槍先となる石器を作れなかったのだろうか。

たしかに、沖縄の旧石器時代遺跡からは、今のところ明らかな狩猟具は見つかっていない。本土日本の旧石器時代遺跡では、剥片尖頭器(はくへんせんとうき)や台形様(だいけいよう)石器など、狩猟具となる石器がたくさん発見されているにもかかわらず、だ。

しかし、沖縄では旧石器時代遺跡の発見数がまだ少ないのだから、狩猟具がまったく作れなかったと断ずるのは時期尚早である。また、第3章で紹介したとおり、サキタリ洞の貝器は細長い棒状の木製品を作るのに用いられたようで、それは槍や弓矢であった可能性もある。さらに、鏃や槍先が必要なら、貝で作っても問題はない。実際、旧石器時代よりずっと後の話にはなるが、沖縄の縄文時代人は貝の鏃を作っている。もちろん、縄文人が作れたからと言って、旧石器人にも作れるとは限らないが、繊細な釣り針やビーズを作れる旧石器人なら、鏃や槍先を作る技術はもっていても不思議はない。

仮に狩猟具をもっていなかったとしても、イノシシは、罠猟や落とし穴で捕獲することもできる。たとえば、琉球列島最北端に位置する種子島では、世界最古となる約3万年前の落とし穴の遺構が見つかっている。同時期の落とし穴遺構は、静岡県や神奈川県からも発見されているので、日本列島全体にこうした知恵をもった旧石器人がいたのかもしれない。沖縄からは今のところ落とし穴は発見されていないが、琉球列島全体にこうした文化が広がっていた可能性も、十分に考えうる。

とはいえ、これらは結局のところ状況証拠にすぎない。イノシシを狩猟した可能性も、狩猟していない可能性も、今の段階ではどちらも想定しておくべきだろう。食うに困っていても、いなくとも、旧石器人たちにはカニの味を楽しんでほしいものだ。

大きなモクズガニの謎

その点で注目したいのは、サキタリ洞から掘り出された、あきれるほどたくさんのモクズガニは、そのどれもが大きいということだ。頑丈なハサミの部分しか残っていないのだが、ハサミの長さが3〜4㎝のものが多い。沖縄産の現生モクズガニのハサミの大きさと体の大きさの関係をもとに考えると、このくらいのハサミをもつ個体は甲羅の幅が8〜9㎝と推測され、モクズガニとしては最大級に成長した個体である。つまり、サキタリ洞の旧石器人たちは、大きなカニだけを捕まえていたようなのだ。

もちろん、小さいカニより大きいもののほうが、食いでもあるし美味しいに違いない。だが、旧石器人の嗜好性にもう少し踏み込むため、ここで、あらためてモクズガニという生物

図21　現生のモクズガニ(沖縄島産)。

について学んでみよう。

モクズガニ(図21)は、川にすむカニではもっとも大型の部類であり、日本全国で食用とされている。今でも秋になると、日本各地でモクズガニ漁が行われ、魚市場などでモクズガニ、ツガニ、タガニ、川ガニなどの名称で売られている。もっとも、最近は高級食材として有名な上海ガニ(チュウゴクモクズガニ)が人為移入種として分布を広げつつあり、在来のモクズガニが減っているようなので、販売されている中にはチュウゴクモクズガニも多いかもしれない。

いずれにしても、モクズガニは、海で卵がかえって幼生期を過ごし、稚ガニになると川を遡上する。3～5年かけて川で生育し、成熟して産卵シーズンを迎える秋になると、夜、いっせいに川をくだって再び海に戻り、繁殖する。

この、秋のモクズガニが、最高にうまい。繁殖に向けて栄養を蓄えるので、身がつまってミソも濃厚である。だから、モクズガニは秋の食材として漁獲されるし、上海ガニも同様に秋の味覚として楽しまれている。

そうすると考えてみたいのは、サキタリ洞の旧石器人たちも、秋の夜に大型の個体を狙ってモクズガニ漁にいそしんだのではないかということだ。

しかしもちろん、季節を選ばずいろいろなサイズを捕まえ、小さなカニは捨てていた可能性もある。どうにかして、カニが獲られた季節を知る方法はないものだろうか……。

カワニナから季節がわかる!?

そう思案しながら、いろいろ過去の研究を調べていると、広島県の帝釈峡(たいしゃくきょう)という縄文遺跡で、カワニナの殻を分析して季節性を議論している論文が目にとまった。九州大学比較社会文化研究所(当時)の狩野彰宏さんらのグループによる論文で、カワニナの殻の成長線に沿って酸素の同位体比を調べることで、カワニナの死亡時期を推定していた。

水中の酸素原子の中には、大半を占める原子量16の同位体(^{16}O)のほか、少し重い原子量18の同位体(^{18}O)もわずかに含まれる。この^{16}Oに対する^{18}Oの比率($^{18}O/^{16}O$)は、水温によって変化することが知られている。カワニナのような貝は、成長時に炭酸カルシウム($CaCO_3$)を主原料とした殻をつくるため、その殻には水中の$^{18}O/^{16}O$が反映される。そこで、殻の成長線に沿った$^{18}O/^{16}O$の変化を調べれば、成長期における水温の変化を知ることができるというのである。そのうえで、最後に殻が形成された殻口部分の水温を読み取ると、カワニナが死んだ時期、すなわち、ヒトに食べられた時期がわかる仕組みだ。

なんと、まさかこれほど格好の材料と方法で研究されている方が、国内にいらっしゃるとは。この手法でサキタリ洞のカワニナを分析すれば、きっと季節性を議論できるに違いない。

すぐに狩野さんにご連絡をさしあげ、事情を丁寧に説明すると、試みにいくつか分析していただけることになった。

黒いカワニナは焼けていた

大喜びで、サキタリ洞出土のカワニナを20個ほど持参し、狩野さんの研究室を訪れた。今までの研究の経緯をお話ししていると、思いがけず、黒く変色しているカワニナの殻が本当に焼けているのかどうかを確かめる方法をも教えていただけた。貝の殻の主成分はアラゴナイトという物質なのだが、これが４００〜５００℃以上に加熱されると、カルサイトに変化するというのだ。黒いカワニナは火をうけたと、見た目だけで判断していたが、化学的に示せるならば、説得力ははるかに増す。試みない手はない。

さっそく、黒っぽいカワニナと、比較のために白っぽいままのカワニナを、粉末にして蛍光X線分析にかける。せっかくだから、粉末にする作業は自分でやらせてもらい、あとは当時、狩野研究室に勤務されていた奥村知世さんに実施していただいた。機械の順番待ちと処理時間が必要だが、翌日には結果が出るという。

翌日、内心ドキドキしながら研究室に伺うと、奥村さんが笑顔で迎えてくれた。見せてくれた結果は、素人の私の目にも明らかだった。白いカワニナはアラゴナイト、黒いカワニナはカルサイトに特徴的な波形が、疑いようもないほど明確に見えていた。やはり、予想は間違っていなかったのだ。

やっぱり秋だった！

黒いカワニナが焼けたと証明された次には、いよいよ食べられた季節を調べてもらう番である。

はじめに、超音波洗浄器でカワニナの殻をしっかり水洗し、分析の邪魔になる汚れを徹底的に落としておく。そして、カワニナの殻の螺旋にそって目盛りをつけ、殻の端から２㎜ごとにドリルで削っていく。当時、九州大学の大学院生だった曽根知美さんに方法を教えてもらいながら、２人で作業を進めていった。ずらりならべた試験管に、ドリルで削った粉末試料を順序よく落としていくのである。最初は、慣れない作業に緊張で手がプルプルと震えたが、それほど難しいということもなく、だんだん楽しくなってくる。どんな結果が出るのか想像しながら、鼻息で粉末を飛ばさないよう、試料に余計なゴミが混ざらないよう、注意深く作業を進める。丁寧に進めているので、思ったよりずっと時間がかかる。本当は、持参した20個全部をやりたかったが、２人で６個体を処理したところで、その日は時間切れになった。

そうして採取した粉末は、順序を間違えないように分析器にかける。時間がかかるが、後は結果を待つばかりだ。

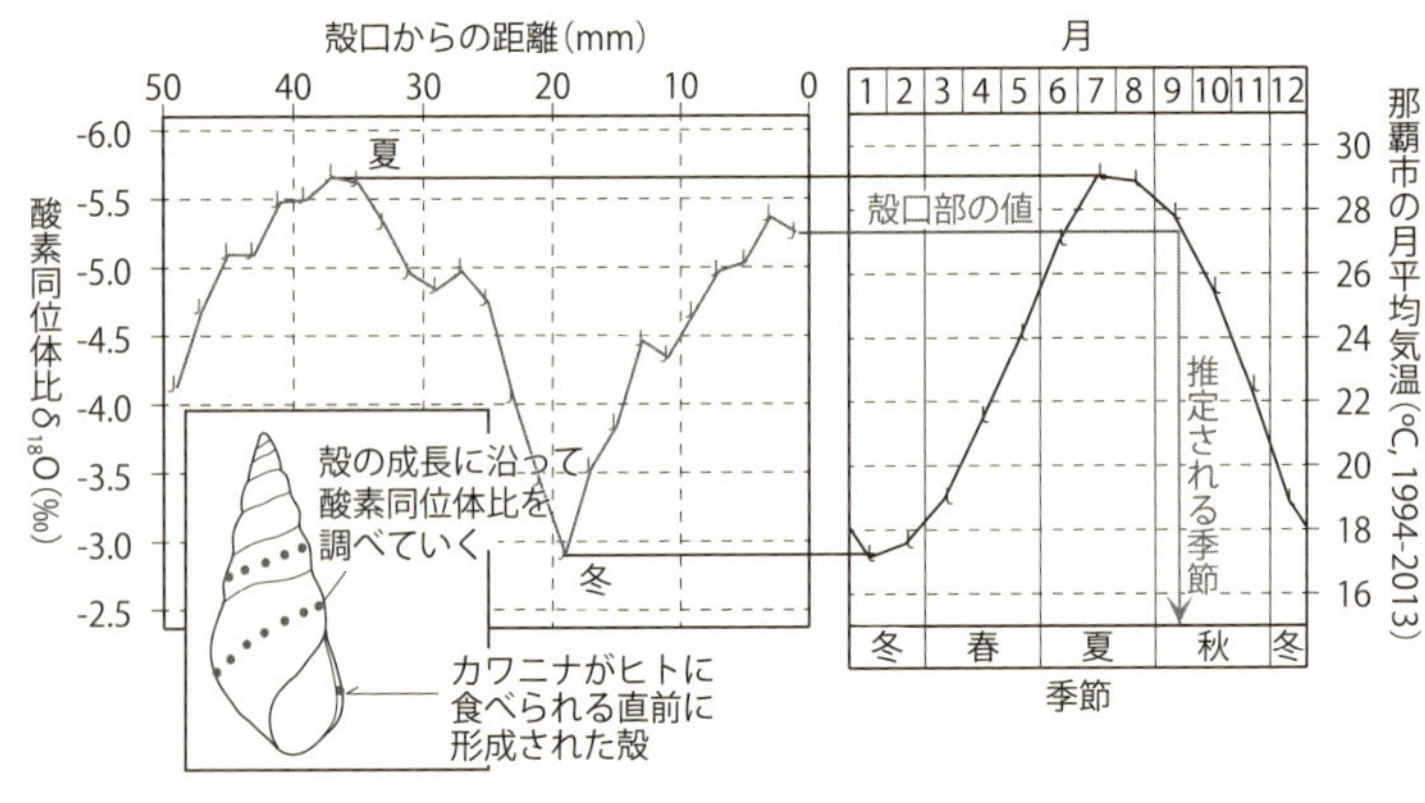

図22　サキタリ洞出土カワニナの同位体分析の一例(左)。殻に含まれる酸素同位体比を沖縄島南部の気温・水温変化(右)と比較すると，食べられた季節を推定できる。原図は狩野彰宏氏作成。

翌朝、結果を楽しみに研究室へ伺い、おそるおそる結果を聞くと、6個体中、1個体が夏、2個体は不明、3個体が秋と判定できる結果だった。夏が1個体あることが気になるものの、どうやら見込みは悪くなさそうだ。ただ、誰でも納得できるように、もう少し個体数を増やしたいところだ。持参したカワニナの残り14点の作業を曽根さんにお願いし、後日、さらに15点の試料を郵送して、トータルで35個体のカワニナを調べていただいた。

そしていよいよ待ち望んだ結果が届くと、35個体のうち、酸素同位体比が不規則に変動して季節変化を読み取れないものが7個体あったものの、残る28個体で季節が特定できていた。内訳は、19個体が秋(約68％)、図22はその一例)、8個体が夏(約29％)、そして冬が1個体(約3％)。すなわち、夏の終わりごろから旧石器人はサキタリ洞にやってきて、主に秋の間、この場所でモクズガニやカワニナを食していたと推測することができる。

予想したとおりの結果に、飛び上がらんばかりの嬉しさだった。モクズガニは1年を通して川にいるのだから、食うに困った旧石器人がカニばかりを食べるなら、季節を選ばず食べそうなものである。そうではなく、モクズガニが美味しくなる秋にサキタリ洞にやってくるとしたら、彼らは「モクズガニは秋に限る」と、カニの味を楽しんでいたということだ。そこには、旬の味覚を味わう生活の余裕や、美味しいものを楽しむ喜びがある。旧石器人の生活は、これまで考えられていたように辛く厳しいだけのものではなかったのである。

季節に合わせた採食戦略

こうした食材の季節的な利用は、日本の旧石器時代についていえば、おそらく初めての発見だ。そもそも旧石器人の食料が満足にわかっていなかったのだから、仕方のない話である。旧石器時代に続く縄文時代には、季節に応じた動物資源利用の実態が地域ごとに解明されていたが、動物遺骸がほとんど出ることのない日本の旧石器時代遺跡では、季節性はおろか、食料としていた動物が何であるかすら、満足に議論できない状況だった。そうした状況をうけて、「日本では、縄文時代になると季節的に資源を利用するようになった」などという話をする人もいて、私自身も、そうした話を特に疑うことなく鵜呑みにしていた。

だが、考えてみると、旧石器時代の暮らしにだって、季節性があって不思議もない。というよりも、旧石器人は今よりもずっと強く自然に依存して暮らしていたはずで、季節を無視して狩猟採集の生活を送れたと考える方がおかしい。

たとえば、多くの植物は、日光が豊富で暖かい季節に元気に育ち、花を咲かせ実をつける。動物たちは、山の幸にめぐまれる秋の間に、しっかりと脂肪を蓄えておき、寒く厳しい冬にそなえる。体毛も、短くまばらな夏毛から、長く豊かな冬毛へと生え変わる。こうした動物を捕まえる立場で考えてみると、脂肪が豊かなほうがカロリーを多くとれるし、長くフサフサの冬の毛皮のほうが、短くまばらな夏毛の毛皮よりも暖かく利用しがいがある。動物や植物に季節があるのだから、それを利用するヒトも、季節を熟知して効果的に活用するのがよいに決まっている。

そうした季節的な食物の利用を証明するのは簡単ではないが、世界を見渡せば、旧石器人が季節的な狩猟をしていたという報告はそれなりにある。

たとえば、ヨーロッパではアカシカ、タスマニアではワラビーを、それぞれ季節的に捕獲していたという。アラスカのサン川上流遺跡では、旧石器時代の終わりごろの地層からサケ類の骨がたくさん出土するため、この遺跡は川を遡上するサケ類捕獲のための季節的なキャンプサイトであったと位置づけられている。このように、世界各地の旧石器人が季節的に狩猟採集を行っているのなら、沖縄の旧石器人とて、季節を熟知して自然と向き合っていた可能性は十分にある。

シカやワラビーやサケ類に比べると、夜中にごそごそ這い回るカニを、たいまつ片手にワシづかみするのは、狩猟というにはいささか牧歌的だが、カゴ罠を作ってもっと効率的に捕獲していたかもしれない。釣り針やビーズまで作っていたサキタリ洞の旧石器人は、当然、ヒモも持っていたはずだから、必要ならネットやカゴを作ることもできただろう。証拠のないものをあまり想像するのは研究者としてよくないかもしれないが、ともかく川の動物たちを、おそらくは季節に応じて、彼らは食していたのである。

コラム　カワニナを食べる人々

ここまで、サキタリ洞の人々が大量のカニやカワニナを満喫していたらしいことを述べてきた。サキタリ洞のように淡水性のカニに大きく依存した文化は、おそらく世界的にみても類例がない。

一方のカワニナについては、なんといってもホアビン文化の例が有名だ。ベトナム北部のホアビン省を中心に見られたこの文化は、洞窟や岩陰にカワニナの貝塚を形成することでよく知られ、更新世の終わりから完新世まで（約2万年前～6000年前ごろまで）続く。

何よりも目をひくのは、遺跡を掘って出てくるカワニナの数だ。とにかくやたらとたくさんのカワニナが出る。私もいくつかのホアビン文化の遺跡を見せていただいたが、どこの遺跡でもほぼ純粋なカワニナの堆積層があり、すごい場合には数mもの深さで堆積していた。要するに日本の縄文時代の貝塚と同じようなものと言ってしまえばそれまでだが、とにかく目に入る限りすべてカワニナである。カワニナの隙間に土があるといっても過言ではなく、その見た目のインパクトは相当なものである。

カワニナといっても日本に生息しているものとは種が異なり、大きい。そして、カワニナの殻の頂上部分のとがったところが、一様に壊れている。食べるときに殻頂部分を折り取って、殻の口から吸いだして肉を食べるのだという。まさに、ヒトが食べた痕跡なのだ。私たちのサキタリ洞でそうであったように、カワニナの殻は一部、黒く変色していて熱を受けたようだ。これほどたくさんのカワニナを食べるとしたら、何人でどのくらいの期間かかるのだろうか。

カワニナの数も特筆すべきだが、ホアビン文化の遺跡からは、中大型脊椎動物の骨もかなり出ている。サイやスイギュウやシカ、それにサルのような樹上性哺乳類も含まれている。さすが大陸、動物相も豊かである。そして、水辺から樹上まで、ここで暮らした人々はかなり多様な環境を利用していたのかもしれない。

5 消えたリュウキュウジカの謎

ここまで、サキタリ洞の旧石器人たちが、川や海の幸を満喫しながら暮らしていたらしいことを紹介してきた。ところが、その陰で、あるいはその少し前に、忽然と姿を消してしまった動物たちがいる。リュウキュウジカをはじめとする、小型のシカ類だ。

こうしたシカ類は、なぜ絶滅したのだろう。すぐに思いつくように、旧石器人が食料として捕えたためだろうか。本章では、旧石器人たちの暮らしぶりにも大きくかかわるこの問題に迫ってみよう。

沖縄の絶滅シカたち

更新世の琉球列島からは、数種の絶滅シカ化石が発見されている。奄美大島・徳之島ではリュウキュウジカ、沖縄島周辺ではリュウキュウジカとリュウキュウムカシキョンの2種、宮古島ではミヤコノロジカ、八重山諸島ではリュウキュウジカ1種が、それぞれ生息していた。このうち、沖縄島周辺にいたリュウキュウジカは概ねヤギくらいの大きさで、リュウキユウムカシキョンはもっと小さい。

彼らは、遅くとも170万年前には、琉球列島にいたようだ。それ以前の琉球列島はユーラシア大陸と陸続きだったため、大陸から渡ってきたと考えられている。そうすると彼らは、200万年ちかくも琉球列島の島々で暮らし続け、数万年前に絶滅したことになる。絶滅した理由としては、約2万年前の最終氷期最寒冷期に寒さで植生が変化し、食料不足で絶滅したとか、そのころに渡来した旧石器人が捕食したためとか、地域集団が細分化して繁殖力が低下したとか、いろいろな説が出されているが、どれも決め手にかけるというのが正直なところだ。

ヒトが食べた証拠はないか

食べるに手ごろなシカ類を、旧石器人が捕まえないはずがない。だからシカの絶滅にも、旧石器人の影響があったに違いない——私としてはそう信じていたが、別段、根拠があるわけでもなかった。それどころか、サキタリ洞の遺物を調べる限り、旧石器人はカニやカワニナばかりを食べて暮らしていたようだ。のみならず、旬の美味しい時期だけカニを獲るという、なんだか贅沢な食生活を送っていたらしい。

では、旧石器人たちは果たしてシカを食べなかったのか。それもまた、一般的な狩猟生活のイメージとずいぶん異なるので、どうしても抵抗を感じざるを得ない。

実は私たちは、２００７年のハナンダガマでの調査以来、旧石器人がシカを食べた証拠をずっと探し求めてきた。沖縄県内各地で得られたシカの化石を観察し、焼け焦げた骨やカットマークがないか、探してきたのだ。

カットマークというのは、石器で肉を切り取ったときに骨に残る傷のことだ。もちろん、解体方法によっては骨に傷が残らない場合もあるし、動物の骨が遺跡に埋没するまでに風化してさまざまな傷がつくこともある。だが、石器で肉を切り取ると骨の特定の部位に鋭い傷がつきやすいし、骨髄を取り出して食べようと石器で骨をたたき割った場合にも、特徴的な傷ができる。そこで、私もこうした証拠を探して、見つかる限りのシカ化石を観察してきた。だが、何千点もの骨を観察しても、ひとつのカットマークも、一片の焼けた骨も見つけることができなかった。

困り果てていた私が、ついにヒトが食べたとみられる証拠を手に入れたのは、やはりサキタリ洞であった。第2章で、幼児の首の骨を発掘する直前に、約3万～3万5０００年前の地層から、数十点のリュウキュウジカの化石を掘り出したことを紹介した。その中に、焼けた骨が含まれていたのだ。ヒトがシカを食べていなかったか、証拠を探し始めてから5年目のことだった。3万～3万5０００年前までリュウキュウジカがいて、それをヒトが食べていたということが、このたった1つの焼けた骨から主張できるようになったのである。

6000年で絶滅

嬉しさで舞い上がらんばかりだが、気持ちを落ち着けて堆積層をもういちど見直してみよう。すると、同じ堆積のもう少し上の、2万年前とか1万4000年前の地層には、シカの骨はない。2万年前の地層は、とりわけ遺物が豊富なのに、一片のシカの骨も見つからない。となると、シカは3万年前ごろまでに絶滅したと考えるのがよさそうだ。

山下町第一洞穴遺跡で3万6500年前の幼児の骨が発見されているので、この時代にはヒトが渡来していたはずである。それを考えれば、最長でも6000年くらいの間に、シカが絶滅したということになる。

6000年という期間はあまりに途方もなくて、シカが絶滅するに十分な期間であるかどうか、私には判断できない。そこで、少し丁寧にこの問題を考えてみよう。彼らはいったいどんな動物で、何を食べ、どんな風に暮らしていたのだろう。

島に暮らすうちに小型化?

沖縄島で見つかるリュウキュウジカとリュウキュウムカシキョンのうち、前者はニホンジカに近い仲間と考えられているが、後者はまだ分類学的な研究が進んでいない。そのため、シカ類の絶滅問題を考えるにあたって、私たちは研究の進んでいるリュウキュウジカを対象とすることに決めた。

リュウキュウジカの特徴として、まず挙げられるのは、近縁の他のシカに比べて体がとても小さいことだ。復元された骨格をみると、肩の高さは50 cmくらいと小さく、脚もかなり短い。オスの頭には、立派な三叉の角が生えている。そのおかげで、やや頭でっかちな印象をうける。ニホンジカに近い仲間と考えられているが、それにしても小さい(図23)。

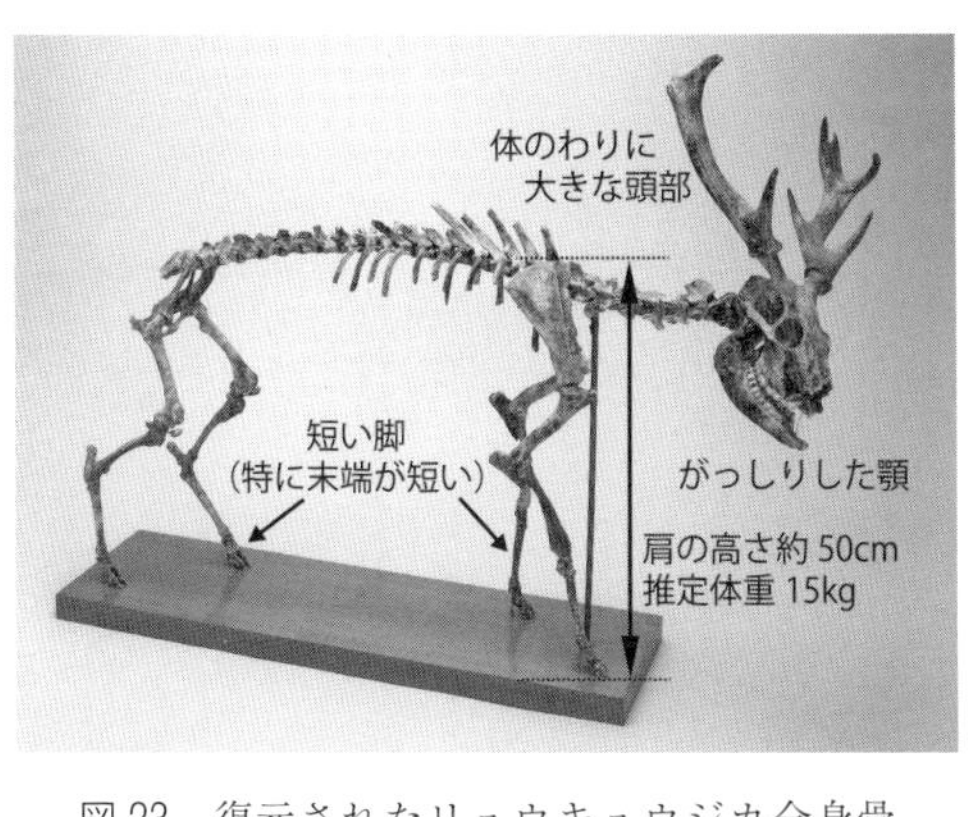

図23　復元されたリュウキュウジカ全身骨格。小型で，シカにしては脚が短く，頭でっかちな印象をうける。沖縄県立博物館・美術館所蔵。

不思議なことに、島に長くすむ大型動物は、だんだん小さくなる方向に進化することが世界各地で知られている。例えば、インドネシアの島には昔、ヒトの背丈よりも小さいゾウがいたし、地中海の島には子牛ほどにしかならない小さなカバがいた。小柄な動物は、少しの食料と狭い範囲で暮らすことができるため、資源と面積の限られた島でも、個体数を増やしやすい。個体数が増えれば、それだけ絶滅しにくくなる。また、天敵がいなければ体が小さくても襲われる心配はなく、逃げる必要がなければ脚も短くてかまわない。そうした理由で、島では小型化、短足化した大型動物が生き残りやすかったのではないかと考えられている。

琉球列島も、かつてはイリオモテヤマネコ以外に肉食動物がいなかった(現在は移入種のネコやマングースが問題になっている)。リュウキュウジカを襲うような動物は、現生の動物にもいないし、化石種でも知られていない。大型肉食獣のいない琉球列島で100万年以上も暮らすうちに、彼らの体は小さく、脚も短く進化していったのだろう。

長寿の島の長寿のシカ

体のサイズについて考察ができたところで、リュウキュウジカの生態をさぐってみよう。研究にあたってシカの専門家である、東京大学の久保麦野(むぎの)さんに協力をお願いした。久保さんは、学生時代から宮城県の金華山島でのシカ調査に参加していて、現生のニホンジカの形態や生態に詳しいうえ、古生物学にも精通していた。

久保さんとの共同研究を進めた結果、リュウキュウジカがとても長生きだったことが明らかになった。

リュウキュウジカの寿命を調べるきっかけになったのは、ハナンダガマ遺跡(第2章)で発掘した2500点あまりのシカ化石の中に、ものすごくすり減った歯がいくつもあったことだ(図24)。

一般に、シカやウシ、ウマなどの草食動物は、繊維質の豊富な植物を生でモリモリ食べるため、私たちヒトよりずっと速く歯が削れてしまう。彼らが概して、私たちよりずっと背の高い（歯冠高の高い）歯をもっているのは、歯が多少削れても植物を食べ続けられるように適応している証拠である。リュウキュウジカも、そもそもは植物をモリモリ食べても大丈夫な背の高い歯をもっているのだが、その歯が歯根近くまで削れてしまっているのだ。いったい何歳まで生きれば、これほど歯がすり減るだろう……？　あるいは、食べていたものが硬い植物、例えば葉にガラス質を含んだイネ科の草ばかりだったのだろうか？

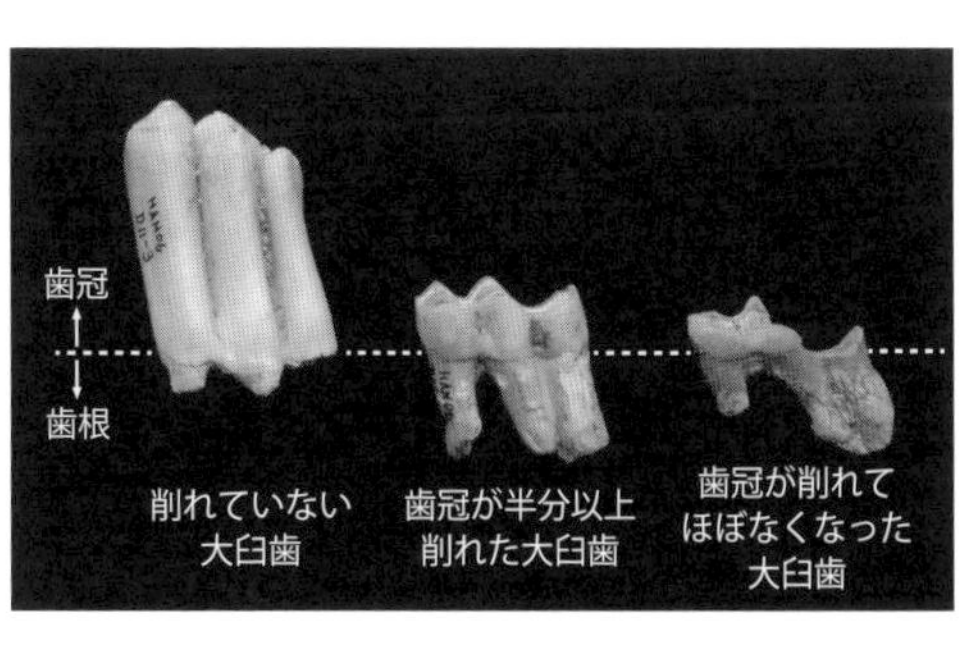

図24　リュウキュウジカの歯の歯冠（歯肉から出ている部分）は，長生きするほど削れていく。右端は，歯冠がほぼ完全になくなっており，もう草を食むことはできなかっただろう。

動物が食べたものを調べるには、歯の表面の細かい傷を調べる方法や、歯の削れ方で調べる方法がある。硬い葉を食べると歯が丸っこく、軟らかい葉を食べれば尖った状態で削れていくのだ。また、安定同位体分析という、歯の成分を調べる方法もある。歯を含む動物の体は、もとをたどれば食べ物でできている。植物食のシカならば、彼らの体は、もともと葉や草ということだ。イネ科のような草と木の葉とでは、少し成分が異なる。そこで、シカの歯の成分を調べれば、どちらをより多く食べていたかわかるという寸法だ。

そこで私たちも、リュウキュウジカの歯を少し削って、安定同位体分析を試みてみた。その結果からすると、リュウキュウジカの食料は、現生のニホンジカとおおむね似たようなものだった。すなわち、森林の木の葉を中心に、イネ科などの草も食べていたようなのだ。歯の削れ方を分析しても、やはり同じような結果になった。ということは、リュウキュウジカは、ニホンジカと似たり寄ったりのものを食べていたのだろう。ならば、リュウキュウジカの歯がものすごく削れている理由は、硬い植物を多く食べていたからではなく、長生きしたからと考えるしかない。

では、いったいどのくらい長生きだったのだろう？　これを探るため、ニホンジカで歯が削れる速度を調べ、その速度に基づいて、リュウキュウジカの歯の削れ具合から年齢を推定してみた。

すると、いちばん長生きしたリュウキュウジカは、なんと26歳という結果になった。動物園で飼育されている個体なら、ニホンジカも20歳を超えることがあるそうだが、野生の、しかも体の小さいリュウキュウジカが、これほど長生きだったとは驚きである。しかも、この1頭が特別なのではなく、全体的に高齢個体が多いのだ(図25)。

長生きという特徴も、実は島でよくあらわれる。代表的な例としては、沖縄にも生息する

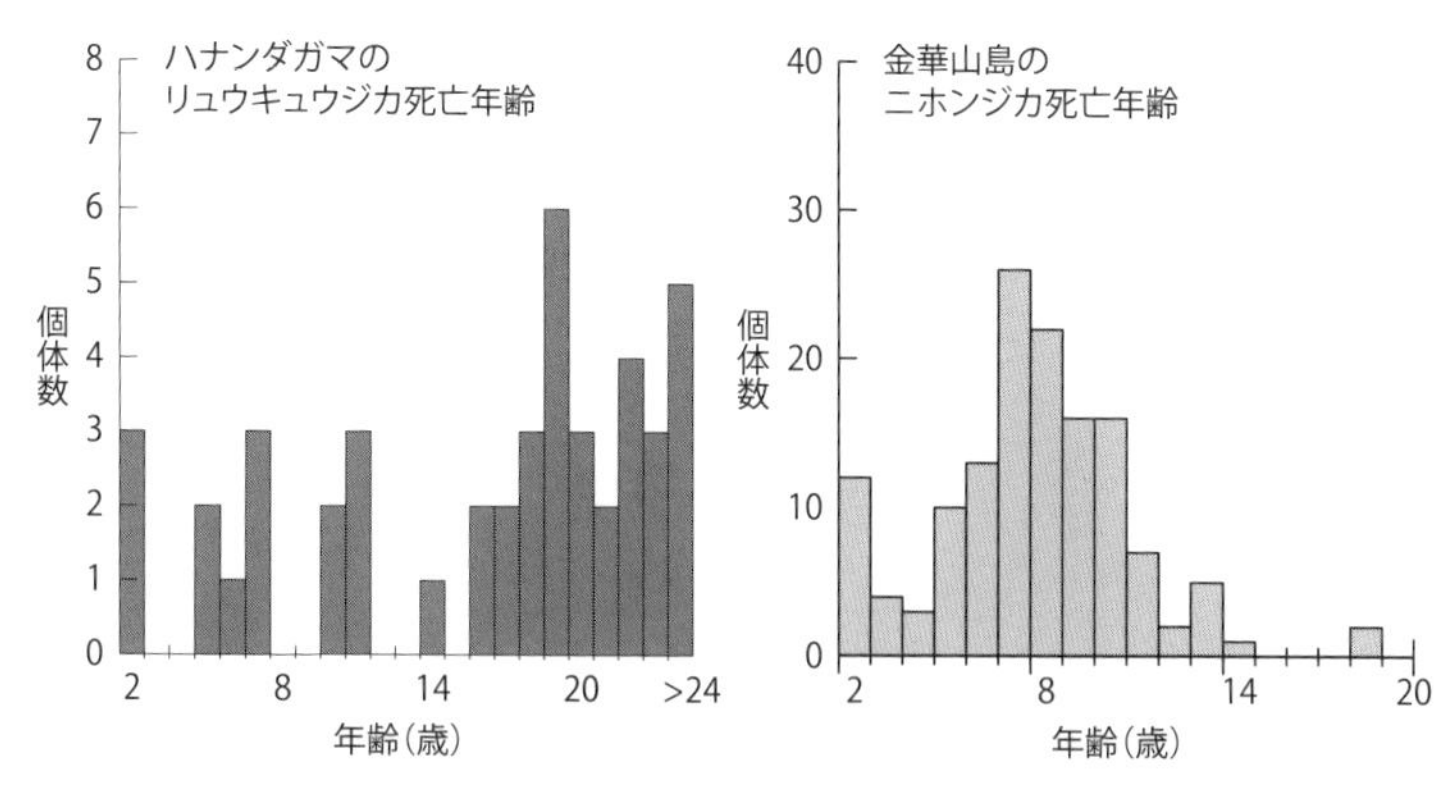

図 25　歯の削れ程度から推定した，リュウキュウジカの死亡時の年齢（左）と，金華山島の現生ニホンジカの死亡（自然死）時の年齢（右）。リュウキュウジカは現生のニホンジカに比べて，高齢個体が多い。原図は久保麦野氏作成。

ヤシガニがいる。インド洋から太平洋の島々に広く分布する、大型のヤドカリの仲間だ。彼らは、なんと50歳まで生きることがあるという。ヤドカリ類としては異例の長寿である。大型で長寿というだけでなく、成長が遅いことも特徴だ。彼らはゆっくり成長し、6〜7歳くらいになってやっと繁殖できるようになる。ヤドカリ類の成熟は生育条件にもよるようだが、早ければ1年で成熟する種もいるというから、ヤシガニはずいぶん成長が遅いことになる。

子どもが早く成熟する動物は、それだけ早く次世代が繁殖に参加できるので、次々と子どもを産み、急激に子孫を増やすことができる。すると、天敵による捕食や急激な環境変化によって個体数が減った場合に、もとの数に戻りやすい。ところが、ゆっくり成長して長生きする動物だと、そうはいかない。生き残った少数のオトナが子どもを産んでも、その子らが成熟する前に、親たちは次々と食べつくされ、やがて成長途中の若者まで食べられてしまうかもしれない。そうなれば、早晩、絶滅してしまうだろうことは、火を見るより明らかだ。

その代わり、捕食者のいない安定した環境であれば、増えすぎる心配がない。資源の限られた島で個体数が増えすぎると、食料やすみかの不足を招くことになる。それよりは、ゆっくり育って長生きし、ほどほどの個体数を維持する方が、安定した生活を送れるというものだ。かくして、島ではゆっくり成長ゆっくり繁殖で長生きする動物が、進化しやすいらしいのだ。

そこにヒトがやってきた

リュウキュウジカも、そんな動物だったのかもしれない。リュウキュウジカの化石を改めて見ると、骨折が治癒した痕跡がけっこう見つかる。中には指がぐにゃりと曲がったものや、骨が変形してコブ状に膨らんでしまったものすらある(図26)。骨折した骨が変形して治癒してしまうのだ。これでは、歩くにも不自由しただろうに、ちゃんと生きていたのである。もしも捕食者がいれば、脚を痛めた動物など真っ先に餌食となるはずだ。だが沖縄は、捕食者のいない島だからこそ、時に片脚ひきずろうとも、年寄るまで安穏と生活することができたのである。

しかし、3万6000年ほど前のこと。シカたちが平穏に暮らす沖縄に、突然、ヒトが姿を現した。5万年ほど前にアフリカを旅立った私たちの祖先が、1万数千年の時をかけて、ついに琉球列島にも渡来したのである。

リュウキュウジカたちは、彼らを見て何を思ったことだろう。捕食者を知らぬシカたちは、初めて見る二本脚の不思議な動物を見て、逃げようなどとは思いもよらなかったに違いない。視点を変えて旧石器人の立場でみると、近寄っても逃げようともしない、脚の短い小型のシカは、恰好の獲物だ。知らん顔して近寄り、相手が戸惑っているうちに、ハッと飛びつけば簡単に捕まえられる。相手が小さければ、返り討ちにあう危険もない。やがて、多少の警戒心がついたとしても、脚が短く走るのも遅いので、何人かで上手に追いつめて飛びかかれば、やはり捕まえるのは造作もない。何なら、棍棒でぶん殴ってしまえば、手っ取り早く仕留められたかもしれない。

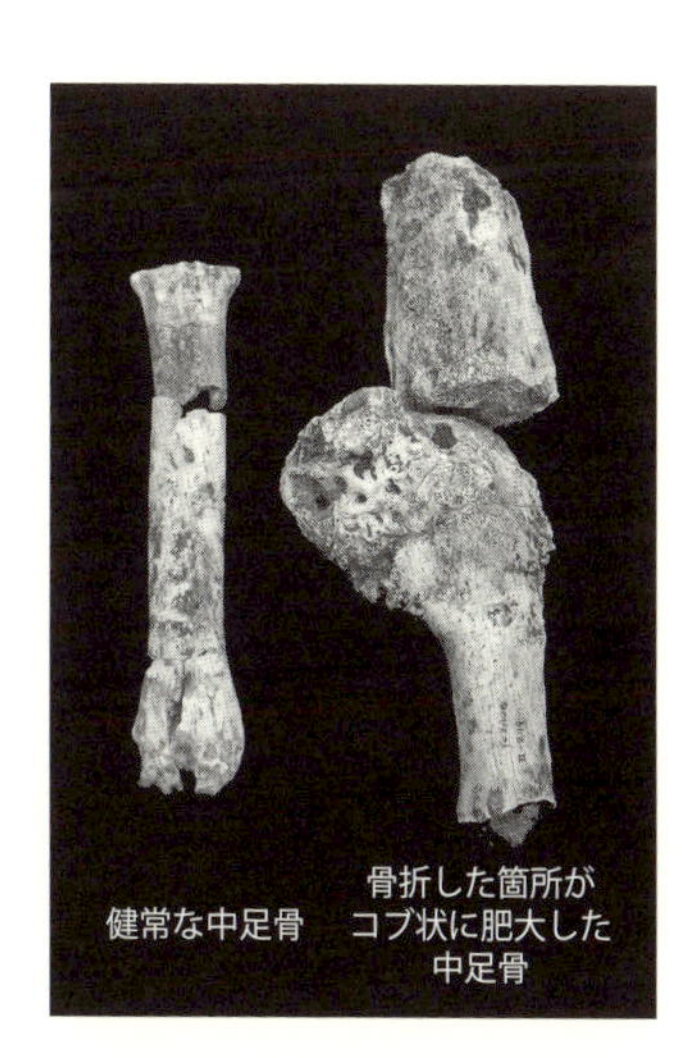

図26　リュウキュウジカの中足骨(足の甲の骨)。左は健常なもの，右は骨折後のもの。このように，治癒する際に肥大したり曲がってしまったりした骨が，特に脚の先端部分で多く見つかった。

それから6000年ほどの間、旧石器人たちは、きっと次々とリュウキュウジカを捕食していったことだろう。天敵を知らぬシカたちは、突如あらわれた旧石器人に為すすべもなく捕まるしかなかった。どんどん数は減ってゆくが、もしも、彼らが島の暮らしに適応してゆっくり成長・ゆっくり繁殖の特徴を獲得していれば、個体数を回復することも難しい。そうなれば、絶滅をまぬかれる道は、もはや残されていない。

アフリカから世界中へと分布を広げた祖先たちの移住プロセスを、私たちはグレートジャーニーと称し、誇らしげに語る。しかし、誇らしく語られるその移住の先々で、自然や動物たちとのさまざまな軋轢が生じることにもなった。その中には、リュウキュウジカのように絶滅してしまった動物もいた、ということだろうか。

栄枯盛衰は世の常と言ってしまえばそれまでだが、100万年以上も島で暮らしたリュウキュウジカが、もうどこにもいないと思うと、なんとも寂しく、胸が痛む。私たちヒトは、よくも悪くも、大きな影響力をもった存在なのだろう。

コラム　石垣島の旧石器人

2010年2月、石垣島で初めての旧石器人骨が発見された。石垣空港建設地の鍾乳洞測量調査中に発見された人骨の年代が、なんと2万年前のものと判明したのである。その報を受けて、考古学的な発掘調査が実施されることとなり、当時の同僚の山崎氏と私も、調査を手伝うこととなった。

現地は、空港の建設工事の真っ只中である。「白保竿根田原洞穴」と名がつくが、洞穴の天井はすでに重機で取り払われており、オープンサイトのようになっている。だが、残された岩の形態を見ていくと、かつてここには、巨大な洞穴が陥没してできた窪地(ドリーネ)があったことがうかがわれた。そしてその岩壁(かつての洞壁)に近いあたりに、遺物や人骨を含む堆積層があった。

ゴルフボールが続々と出るゴルフ場時代の地層、15世紀ごろの墓や炉の跡が残るグスク時代の地層、無土器期とよばれる2000年前の地層、下田原(しもたばる)期とよばれる3500年前ごろの地層、と調査を進めるごとに古い地層が姿を現し、やがて1万年前の地層に至ると、石器や肉を切り取った痕跡のあるイノシシの骨など、ヒトの存在を示す遺物が続々と出土した。そしてさらに、その下層から、たくさんの旧石器人骨が出土したのである。「たくさん」といっても港川人のように人型に並べられるほどではなかったが、割れているもののほぼ完全な頭骨と下顎骨や、左右ならんだ大腿骨など、ちょっと気になる配置をしていた。

大規模な調査は2010年で終わったものの、その後も2016年まで断続的に発掘は続けられ、最終的には2万7000年前の全身骨、その他に3個の頭骨、さらにたくさんの部分骨が発見されるに至った。詳細な分析は今も続けられているが、遺体に土をかぶせずに岩陰などに安置する「風葬」で葬られた墓のようだ。

人骨の保存のよさもさることながら、この遺跡は、人骨からタンパク質やDNAが抽出できたことでも大きな注目をあびた。DNAの予備的な分析では、東南アジアに分布するタイプの遺伝子をもつ個体がいるらしく、またタンパク質の分析からは、かなり陸上資源に頼った生活をしていたらしいことがわかっている。沖縄島のサキタリ洞のような、水産資源を多く利用する暮らしとは異なる暮らしが営まれていたのだろうか。人骨を発見してから、いろいろな分析を経て、当時の人々の特徴や暮らしぶりを解明するには時間がかかるものである。しかし、近い将来、石垣島の旧石器人の姿や暮らしが明らかになるのが、楽しみで仕方がない。

6　むかしばなしはまだ続く

サキタリ洞やその周辺遺跡での一連の発掘から、旧石器人の暮らしや動物との関わりがずいぶん具体的に見えてきた。
だが、その一方で、まだまだわからないこともある。そこで最後に、これまでに見えてきた旧石器人の暮らしを整理して、まだわかっていないことは何か、そして、それを明らかにするにはどうすればよいかを考えてみよう。

サキタリ洞むかしばなし

かつて、琉球列島の大半は森林原野に覆われていた。少なくとも200万年間くらいは大陸から海によって隔てられた小さな亜熱帯の島々で、島ごとに固有の動物たちが暮らしていた。

今から3万6500年ほど前、そこに旧石器人がやってきた。家族をつれて、新天地を求めて移住してきたのだろう。ただし、どのようにやってきたかはわからない。何かしらの舟を使ったのだと思うが、その具体的な証拠は見つかっていない。

　今と同様に当時も、琉球列島には大型の動物がいなかった。しかし、小型のシカ類はいる。彼らは警戒心も少なく逃げ足も遅いので、捕まえるのは簡単だし、さほど食うには困らない。また一方で、危険な肉食動物もいないので、この島々は心安まる場所だったのかもしれない。恐るべき動物といえばハブだけだから、注意していれば危険はかなり回避できる。トラやオオカミに襲われる恐怖を思えば、ずいぶん安心できるというものだ。

　だが、だんだんとシカ類の数が減り、3万年前ごろまでにはすっかり姿を見なくなった。そのうえ、氷河期の最寒冷期（約2万年前）に近づくと、だんだんと冬が寒くなる。とかくこの世は住みにくいと思ったかどうかは知らないが、サキタリ洞の人々は、そんな時代を生き抜いていた。

　とはいえ、寒さなら、火を焚いて暖をとれば耐えられる。サキタリ洞の堆積層に含まれるたくさんの炭は、彼らが盛んに焚き火をしたことを物語っている。食べ物だって、シカこそ姿を消してしまったが、川のモクズガニやオオウナギ、海の魚や貝はいくらでも獲れるし、何よりカニは簡単に捕獲できて美味しく、たくさん捕まえれば腹いっぱいになる。まあ、たまには肉も食いたいが、そのときにはイノシシを獲ればよい。何しろ、このあたりにはまだイノシシはたくさんいる……。

「でも、秋はやっぱりカニに限るよ。」そういって、秋になるたび、旧石器人はサキタリ洞を訪れた。日没を待って雄樋川へ降りていき、カニを獲りながら、岩場に張りつくカワニナを集める。そのほかにも、夜の川辺にはたくさんの動物がいる。コロリコロリとにぎやかにカエルたちが合唱し、それを狙って夜行性のハブやアカマタが姿を現す。同じく夜行性のトカゲモドキは、気づけば岩場に姿を見せているし、キノボリトカゲは木の葉の上などで眠っている。

おっとう「おや、木の上にキノボリトカゲが載っているぞ。そら、ぼうず、そっと近づいて捕まえてみなさい」

ぼうず「わーい、やったー捕まえた！」

お「そらな、簡単だろう？　こいつらは夜に寝るからな。捕まえるのは簡単さ」

ぼ「ふーん、おっとうよく知っているなあ」

小さなトカゲも、10匹20匹と捕まえたら立派な箸休めになる。すばしこく走り回るネズミは、罠でも仕掛けて獲ったのだろうか。小鳥は、眠っていると

ころを弓矢で仕留めるのだろうか。そうこうして捕まえるうちにおかずは1品、もう1品と増え、それぞれの味を楽しめる。カニとカワニナが安定して獲れるなら、そのほかの小動物は少しずつあれば十分だ。たまにオオウナギでも釣り上げれば、相当に食べ応えがある。

それに、こうして夜のうちに食材が確保できれば、昼間は自由に過ごせる。ポカポカと暖かい日差しの下で惰眠をむさぼってもよいし、貝を削ってビーズ作りや釣り針作りにいそしんでもいい。砂岩の砥石で貝殻を加工するのは時間のかかる仕事だが、なに、あわてる必要はない。鼻歌まじりに貝を割り、砂岩でスリスリ削っておればよい。どうだ、この釣り針の美しい曲線、見事なものだろう。それに、この輝きの美しいことよ。この貝殻はな、ピカピカ光るように削ると頑丈な釣り針になるし、魚も寄ってきやすいのさ……。

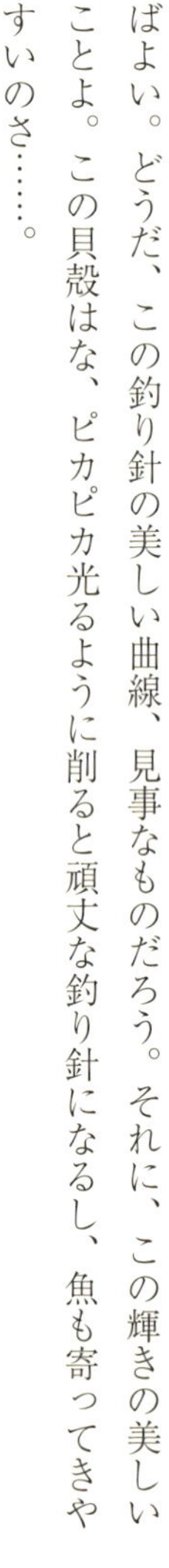

とはいえ、いくら好きといっても、毎日カニでは飽きるかもしれない。洞窟に来てすぐのころは美味しい美味しいとカニにむしゃぶりついていたぼうずも、だんだん文句を言うようになる。

ぼ「なんだ、またカニか……。こう毎日じゃ嫌になるなあ……」

そうすると、おっとうはムッとする。ムッとするけれど、内心自分もそう思っていた。いいころあいだ。

お「たまには海にでも行くか」
ぼ「え？　魚釣り？　行きたい行きたい！」
お「ちょうど貝殻も集めに行こうと思っておったしな。明日は天気がよさそうだ。ひとつ海辺に行くとしよう」

彼らはそうして、海へと繰り出すこともあった。サキタリ洞から海までは5〜6km程度だ。起伏があるとはいえ、大した距離ではない。

ぼ「なあ、おいら自分で作った釣り針で、魚釣りがしたいよ」
お「そうだなあ。ピカピカの新しい釣り針は、きっとよく釣れるぞ」
ぼ「なあ、行こうよ、行こうよ」

現代人のように、彼らも魚釣りを楽しんでいたかもしれない。こうして、海を知りつつ川の幸を楽しむのが、沖縄の旧石器人の暮らしだったのだろう。

厳しい暮らし？　おいしい暮らし？

いやいや、想像を膨らませすぎでしょうと、しばしば私は叱られる。わずかな証拠から、物語を作りすぎだと。けれど、活き活きとした生活を想像するほうが、調査は楽しい。ビーズが出れば、旧石器人がおしゃれになり、豊かな食材が出れば、彼らの食卓が豪華になる。ひとつひとつは、とてもシンプルな推論だ。そこから先、少しだけ想像を膨らませて物語をつむいでみるのだ。そんな贅沢は、発見した研究者の特権として許容されるべきである。

つらく厳しい旧石器時代がお好みなら、食料に困って、仕方なくカニばかりを食べている姿を想像したって別にかまわない。でも、私に言わせれば、それだって私と同じ程度に妄想を含んでいる。第一、つらくて苦しくて、他に食べものがないから仕方なくカニを食べているくらいだったら、2万年近くもカニを食べつづけるだろうか。嫌だったら他の食べ物を探すだろうし、探せなければ他の場所に行けばいいだろうに。

それよりも、私たちが食べて美味しいのだから、旧石器人にとってもカニは美味しいだろうと考えるほうが、よっぽど筋が通っていると私は思う。彼らがサキタリ洞を利用するのは夏から秋にかけて。それは、カニがラクに獲れて、そして美味しい季節だ。ちゃんと旬というものを知っている。オオウナギだって、たいへん美味しいご馳走だ。

それに、本当に食料に困っていたら、カタツムリだって食べてもよさそうなのに、遺物を見る限りどうやら食べていない。イノシシや、海の魚も少しは出るのだから、こうした動物たちの捕まえ方や食べ方もちゃんと知っている。それでも、サキタリ洞に来たらやっぱりカニを食べないと。うん。やっぱり旧石器人は、カニが好きだから食べている。沖縄の旧石器人は、よくカニ食う旧石器人だっただけでなく、よく美味しくカニ食う旧石器人だったと、私は考える次第である。

石器はどうして見つからないのか

さて、沖縄旧石器人のカニ食う日々を描き出したところで、「旧石器時代なのに、どうして石器を使わないのか」と質問されることがある。どうして使わないのか、こちらが知りたいくらいだが、幸いなことに、今のところカニやカワニナ、オオウナギを獲って食べるのに、特別な石器は必要ではなさそうだ。カニは手づかみでも獲れるし、カゴ罠を作ってもよい。木を削ったり植物のツルを加工したりするなら、海で簡単に集められる貝殻で事足りる。調理には、焚き火と石と、あとは木の葉でもあれば、蒸し焼きでもストーンボイルでもできたはずだし、カニがあばれて調理しにくければ、甲羅をたたき割って殺してから調理すればよ

図27　山下町第一洞穴で見つかった旧石器。旧石器人がこうした石器をもっていれば，貝を割るにも役立ったかもしれない。

い。残酷に聞こえるかもしれないが、生きながらに煮るのだって残酷さに変わりはない。私たちは今も昔も、命をいただかねば生きていけない。

もちろん、貝器を作るのには石器が必要だったはずだ。貝殻で削り具や釣り針を作るには、まず貝殻を叩いて割り、先のとがった何かで細部を整えたり、砥石で磨き上げたりする必要がある。また、シカやイノシシの毛皮を利用したければ、刃物があるほうがよいだろう。サキタリ洞で見つかった石英の石器は、小さいけれど、毛皮に切れ目をいれるには十分役立ったろう。クサビのような石器は、貝器の細かい調整に使えたかもしれない。釣り針を磨き上げるに必要な砥石なら、砂岩の小片が見つかっている。

さらに、貝殻を割るのに必要な石器なら、今のところサキタリ洞からは見つかっていないが、山下町第一洞穴遺跡の3万6500年前の地層から出土した、丸みをおびた砂岩の礫器3点がある(図27)。それらは、手にもってドングリなどを割ったりするのに使われたと考えられているが、こうしたもので貝を割ってもかまわないはずだ。あるいは、粗っぽく貝を割るだけなら、そこらに落ちている手頃な石灰岩でも用は足りたかもしれない。こうして考えれば、サキタリ洞近辺で暮らすのに、とりたてて高度な石器は必要ない。そればかりか、カニや小動物、それに魚類を獲って暮らすのに必要なものは、概ねそろっている。

もちろん、私たちがまだ発見できていないものもたくさんあるに違いないが、サキタリ洞やその周辺遺跡の調査から見えてきたのは、石器がほとんどなくとも、暮らすに困らないどころか、ずいぶんと楽しそうな、旧石器人たちの姿だった。

旧石器人は生き続けたか

さて、沖縄の旧石器人もけっこう楽しく暮らせるようになったところで、彼らが島で生き続けることができたかどうかをあらためて考えてみよう。それは言い換えると、彼らが私たちの祖先なのかどうか、ということでもある。この問題には簡単には答えが出ないが、今の段階で言えることを整理しておこう。

旧石器人が私たちの祖先かどうかを考える方法はいくつかあって、ひとつは旧石器人が私たちと似ているかどうかだ。結論を先に述べると、近ごろは「似ていない」という見解が優勢になってきている。

2000年代以降、CT撮影や3次元形態スキャナなどの新たな人骨計測技術を導入して、港川人と縄文人、そして現代日本人の顔の細部の特徴を徹底的に比較する研究が行われた。

脳頭蓋の全体の形、額の狭さと眉間の盛り上がり方、顎のキャシャさ、歯根の長さと太さ、下顎ががっしりしているかどうか……。これらを、統計的な手法も用いながら比較すると、どうも港川人は、縄文人や現代日本人とは異なる特徴ばかり際だつこととなったのだ。

さらに、琉球大学医学部の佐藤丈寛さん(当時)らが現代の沖縄の人々を対象にDNAを調べたところ、現代の沖縄人がユーラシア大陸の集団と分かれた年代は、古くとも1万5000年前という結果になった。これは日本列島で縄文時代が始まるころであるから、現代の沖縄につながる主要な集団は、縄文時代以後に沖縄にやってきたと考えなければならない。すなわち、それ以前に沖縄にいた、港川人(2万年前)も山下町第一洞穴人(3万6500年前)も、ピンザアブ人(2万9000年前)も、白保竿根田原人(2万7000年前)も、遺伝学的にみれば現代の沖縄の人々には関係がなく、したがって私たちの祖先でもないということになる。

とはいえ、サキタリ洞の旧石器人は、3万5000年前から1万3000年前ごろまで、モクズガニを食べ続けていた。その証拠を発見した私としては、彼らが「生き続けた」説を主張したい気持ちである。旧石器人は沖縄島で生き続け、それなりに豊かな暮らしを享受していた、という可能性を考えてもよいのではないだろうか。

旧石器人は、生き続けたのか、それとも絶滅したのか。問うのは簡単だが、答えを求めるのは難しい。早く答えを知りたいのは山々だが、遺跡の調査、人骨の形態研究、遺伝学的研究など、さまざまな手法で研究を進め、少しずつ真実を明らかにしていくしかあるまい。

冬になり、そしていずこへ……？

沖縄旧石器人と私たち現代人の関係は、時間をかけて調べるしかないとして、もう1つ、大きな謎が残されている。もっとずっと短い時間スケールの話だ。サキタリ洞の旧石器人たちが、冬になるとどこへ行っていたのかという謎である。

サキタリ洞の動物遺骸の分析結果は、いずれも夏から秋にかけて、人々がそこで暮らしていたことを示していた。それは同時に、冬と春には、この場所にいないことをも示唆している。最終氷期の最寒冷期（約2万年前）の沖縄は、今よりかなり寒かったはずだ。ともすれば、冬には雪が降ることもあったかもしれない。

サキタリ洞にひとひらの雪が舞い降りるころ、モクズガニの季節も終わる。ウナギも、動きが鈍って釣れなくなる。カワニナは相変わらず獲れるけど、それだけでは育ち盛りの子供たちの腹を満たすには足らなくなる。またカニの季節が訪れるまで、しばしの間、この洞窟ともお別れだ。

……だが、いったいどこへ行けばよいというのだ。私が心に思い描く旧石器人は、荷物をまとめたところで途方にくれている。冬の寒さが、ひとしお身にこたえる。こんなに悲しい冬が、あるだろうか。なんとかして、彼らを飢えと寒さから、救い出してあげなければいけない。それが、私たちがなすべき仕事ではないだろうか。

だから私たちは、発掘を続ける。出てきた遺物を分析する。ひとつひとつの作業は、単調で時につらい。けれども、発見の喜びは、それを補ってあまりある。そうした喜びを感じながら地道な調査を続けていれば、きっといつか、寒い冬をどう乗り切ったか明らかにできると私は信じている。

彼らが、厳しい冬の寒さにも負けぬ丈夫な体をもち、どこかでたくましく暮らしていたことは間違いない。私たちが、その痕跡を見つけられていないだけなのだ。

なぜなら、彼らはまた秋になると、洞窟に戻ってきているのだから。

O'Connor, S. et al. (2017) Fishing in life and death: Pleistocene fish-hooks from a burial context on Alor Island, Indonesia. Antiquity 91: 1451-1468

小野林太郎(2018)『海の人類史――東南アジア・オセアニア海域の考古学(増補改訂版)』(環太平洋文明叢書 5)雄山閣

Richard M. P. et al. (2001) Stable isotope evidence for increasing dietary breadth in the European mid-Upper Paleolithic. PNAS, 98: 6528-6532

高宮広土(2005)『島の先史学――パラダイスではなかった沖縄諸島の先史時代』ボーダーインク

玉城村前川誌編集委員会(編)(1986)『玉城村前川誌』玉城村前川誌編集委員会

堤隆(2009)『ビジュアル版旧石器時代ガイドブック』(シリーズ「遺跡を学ぶ」別冊 02)新泉社

山崎真治(2015)『島に生きた旧石器人:沖縄の洞穴遺跡と人骨化石』(シリーズ「遺跡を学ぶ」104)新泉社

写真提供

東京大学総合研究博物館＝港川人Ⅰ号, Ⅱ号(図 3, 図 5)

沖縄県立博物館・美術館＝港川人Ⅲ号, Ⅳ号(図 3, 図 5), 港川人復元模型(図 4), サキタリ洞の出土遺物(図 10〜12, 14〜19), リュウキュウジカ骨格模型(図 23)

参考文献

Braun, D. R. et al. (2010) Early hominin diet included diverse terrestrial and aquatic animals 1.95 Ma in East Turkana, Kenya. PNAS, 107: 10002-10007

Erlandson, J. M. (2001) The archaeology of aquatic adaptations: Paradigms for a new millennium. J. Archaeol. Res. 9: 287-350

Fujita, M. et al. (2016) Advanced maritime adaptation in the western Pacific coastal region extends back to 35,000-30,000 years before present. PNAS, 113: 11184-11189

Gramsch B. et al. (2013) A Palaeolithic fishhook made of ivory and the earliest fishhook tradition in Europe. J. Archaeol. Sci. 40: 2458-2463

Hu Y. et al. (2009) Stable isotope dietary analysis of the Tianyuan 1 early modern human. PNAS, 106: 10971-10974

印東道子(編)(2012)『人類大移動——アフリカからイースター島へ』朝日選書

Joordens J. C. A. et al. (2015) Homo erectus at Trinil on Java used shells for tool production and engraving. Nature, 518: 228-231

海部陽介(2005)『人類がたどってきた道——“文化の多様化”の起源を探る』NHKブックス

Kaifu, Y. et al. (2015) Pleistocene seafaring and colonization of the Ryukyu Islands, southwestern Japan. In: Kaifu, Y. et al., eds. Emergence and Diversity of Modern Human Behavior in Paleolithic Asia, Texas A&M University Press, College Station. pp. 345-361

沖縄県立博物館・美術館(編)(2018)『沖縄県南城市　サキタリ洞遺跡の発掘』沖縄県立博物館・美術館

O' Connor, S. et al. (2011) Pelagic Fishing at 42,000 Years Before the Present and the Maritime Skills of Modern Humans. Science, 334: 1117-1121

藤田祐樹

1974年生まれ．2003年に東京大学大学院理学系研究科博士課程を修了．博士(理学)．同大学院農学生命科学研究科研究員，沖縄県立博物館・美術館人類学担当学芸員を経て，2017年より国立科学博物館人類研究部に勤務．人類進化の王道である二足歩行(なぜか鳥の)を研究したのち，旧石器人の痕跡を求めて沖縄の鍾乳洞で発掘調査を行い，運よく旧石器人がカニを食べていた証拠や世界最古の釣り針を発見してしまう．近ごろは，旧石器人を真似て貝の釣り針で魚釣りに挑戦中．好きな食べ物はカニとウナギと焼き鳥．著書に『ハトはなぜ首を振って歩くのか』(岩波科学ライブラリー)，『日本人が魚を食べ続けるために』(西日本出版社・分担執筆)．

岩波 科学ライブラリー 287
南の島のよくカニ食う旧石器人

2019年8月23日 第1刷発行

著　者　藤田祐樹（ふじたまさき）

発行者　岡本 厚

発行所　株式会社 岩波書店
〒101-8002 東京都千代田区一ツ橋 2-5-5
電話案内 03-5210-4000
https://www.iwanami.co.jp/

印刷製本・法令印刷　カバー・半七印刷

ISBN 978-4-00-029687-8　Printed in Japan

●岩波科学ライブラリー〈既刊書〉

272 **学ぶ脳** ぼんやりにこそ意味がある
虫明 元
本体一二〇〇円

ぼんやりしている時に脳はなぜ活発に活動するのか？　脳ではいくつものネットワークが状況に応じて切り替わりながら活動している。ぼんやりしている時、ネットワークが再構成され、ひらめきが生まれる。脳の流儀で学べ！

273 **無限**
イアン・スチュアート　訳 川辺治之
本体一五〇〇円

取り扱いを誤ると、とんでもないパラドックスに陥ってしまう無限を、数学者はどう扱うのか。正しそうでもあり間違ってもいそうな9つの例を考えながら、算数レベルから解析学・幾何学・集合論まで、無限の本質に迫る。

274 **分かちあう心の進化**
松沢哲郎
本体一八〇〇円

今あるような人の心が生まれた道すじを知るために、チンパンジー、ボノボに始まり、ゴリラ、オランウータン、霊長類、哺乳類……と比較の輪を広げていこう。そこから見えてきた言語や芸術の本質、暴力の起源、そして愛とは。

275 **時をあやつる遺伝子**
松本 顕
本体一三〇〇円

生命にそなわる体内時計のしくみの解明。ショウジョウバエを用いたこの研究は、分子行動遺伝学の劇的な成果の一つだ。次々と新たな技を繰り出し一番乗りを争う研究者たち。ノーベル賞に至る研究レースを参戦者の一人がたどる。

276 **「おしどり夫婦」ではない鳥たち**
濱尾章二
本体一二〇〇円

厳しい自然の中では、より多く子を残す性質が進化する。一見、不思議に見える不倫や浮気、子殺し、雌雄の産み分けも、日々奮闘する鳥たちの真の姿なのだ。利己的な興味深い生態をわかりやすく解き明かす。

277
金　重明
ガロアの論文を読んでみた
本体一五〇〇円

決闘の前夜、ガロアが手にしていた第1論文。方程式の背後に群の構造を見出したこの論文は、まさに時代を超越するものだった。簡潔で省略の多いその記述の行間を補いつつ、高校数学をベースにじっくりと読み解く。

278
新村芳人
嗅覚はどう進化してきたか
生き物たちの匂い世界
本体一四〇〇円

人間は四〇〇種類の嗅覚受容体で何万種類もの匂いをかぎ分けるが、そのしくみはどうなっているのか。環境に応じて、ある感覚を豊かにし、ある感覚を失うことで、種ごとに独自の感覚世界をもつにいたる進化の道すじ。

279
藤垣裕子
科学者の社会的責任
本体一三〇〇円

驚異的に発展し社会に浸透する科学の影響はいまや誰にも正確にはわからない。科学技術に関する意思決定と科学者の社会的責任の新しいあり方を、過去の事例をふまえるとともにEUの昨今の取り組みを参考にして考える。

280
ロビン・ウィルソン　訳川辺治之
組合せ数学
本体一六〇〇円

ふだん何気なく行っている「選ぶ、並べる、数える」といった行為の根底にある法則を突き詰めたのが組合せ数学。古代中国やインドに始まり、応用範囲が近年大きく広がったこの分野から、バラエティに富む話題を紹介。

281
小澤祥司
メタボも老化も腸内細菌に訊け！
本体一三〇〇円

癌の発症に腸内細菌はどこまで関与しているのか？　関わっているとしたら、どんなメカニズムで？　腸内細菌叢を若々しく保てば、癌の発症を防いだり、老化を遅らせたり、認知症の進行を食い止めたりできるのか？

●岩波科学ライブラリー〈既刊書〉

282 井田喜明
予測の科学はどう変わる？
人工知能と地震・噴火・気象現象
本体一二〇〇円
自然災害の予測に人工知能の応用が模索されている。人工知能による予測は、膨大なデータの学習から得られる経験的な推測で、失敗しても理由は不明、対策はデータを増やすことだけ。どんな可能性と限界があるのか。

283 中村 滋
素数物語
アイディアの饗宴
本体一三〇〇円
すべての数は素数からできている。フェルマー、オイラー、ガウスなど数学史の巨人たちがその秘密の解明にどれだけ情熱を傾けたか。彼らの足跡をたどりながら、素数の発見から「素数定理」の発見までの驚きの発想を語り尽くす。

284 グレアム・プリースト 訳菅沼 聡、廣瀬 覚
論理学超入門
本体一六〇〇円
とっつきにくい印象のある〈論理学〉の基本を概観しながら、背景にある哲学的な問題をわかりやすく説明する。問題や解答もあり。好評『《1冊でわかる》論理学』にチューリング、ゲーデルに関する二章を加えた改訂第二版。

285 傳田光洋
皮膚はすごい
生き物たちの驚くべき進化
本体一二〇〇円
ポロポロとはがれ落ちる柔な皮膚もあれば、かたや脱皮でしか脱げない頑丈な皮膚。からだを防御するだけでなく、色や形を変化させて気分も表現できる。生き物たちの「包装紙」のトンデモな仕組みと人の進化がついに明らかになる。

286 海部健三
結局、ウナギは食べていいのか問題
本体一二〇〇円
土用の丑の日、店頭はウナギの蒲焼きでにぎやかだ。でも、ウナギって絶滅危惧種だったはず……。結局のところ絶滅するの？　土用の丑に食べてはいけない？　気になるポイントをQ&Aで整理。ウナギと美味しく共存する道を探る。

定価は表示価格に消費税が加算されます。二〇一九年八月現在